譯註1　曼波（MAMBO）為一種拉丁舞，西迷（SHIMMY）則為肚皮舞中扭腰擺臀的動作；作者以舞蹈名稱為她的愛貓命名。

程麗蓮 Lili Chin 著
賴許刈 譯

貓咪想要說什麼

可愛爆表！

喵星人肢體語言超圖解

KITTY LANGUAGE An Illustrated Guide to Understanding Your Cat

目次

前言 1

氣味 7

耳朵 21

眼睛 35

鬍鬚 47

尾巴 53

整體姿勢 73

叫聲 97

友善的行為 107

情緒衝突或
壓力很大的行為 123

遊戲 137

感謝 153

前言

嗨嗨，貓奴們！

　　我和伴侶領養兩隻愛貓不久後，毛很澎的黑貓曼波就認定了我。曼波很少讓我的伴侶或別人摸他，但我走到哪、牠就跟到哪，還會咪嗚咪嗚地跟我打招呼、把牠的臉湊到我手上磨蹭、坐在我的東西上面、看著我工作。當我坐在沙發上的時候，牠也會倚在我身邊。牠也很愛我拿出響片、點心和牠的益智玩具跟牠玩。我沒想過會受到貓主子這麼多的關注，所以我都跟朋友開玩笑說曼波的行為就像小狗一樣。

　　我永遠也忘不了我的貓咪行為學專家朋友惱怒地回我：「並沒有！牠的行為就是一隻貓的行為！」

　　當時我還是個新手貓奴（和一隻狗狗生活十三年後），而且，我已經開始質疑一般普遍認為貓咪比狗狗更不親人也更難訓練的想法。似乎只要有一張狗狗是人類好朋友的哏圖，就會有一張關於貓咪有多傲嬌、古怪或凶惡的哏圖。

　　沒錯，貓科動物是獨來獨往的掠食者，但最新的科學證據證實了許多人已從經驗得知的事實：貓咪在社會化這方面是有彈性的，牠們會對飼主產生依戀（就像小貓依戀母貓），且自有一套表達方式，會向飼主表達情感，或表達牠們對「獨處時間」的需求。

貓咪和其他動物（例如狗）相同的表現有不同的意思

在寫這本書的時候，貓咪肢體語言的相關科學資料不像狗狗那麼多，然而，仍有大量經過驗證的研究，讓我們知道貓咪是如何溝通的。我的愛貓為什麼用臉磨蹭牆角？為什麼到處抓來抓去？是想討拍呢，還是需要自己的空間呢？是覺得很有自信、很害怕、很放鬆，還是很沮喪呢？這兩隻是在玩還是在打架？能夠觀察和解讀貓咪的肢體語言，是讓愛貓在家中感到安全和幸福的第一步。

所以，要觀察些什麼呢？臉、眼、耳、鬍鬚、尾巴、姿勢的改變、做動作的方向與速度，貓咪用身體的每個部分來表達情緒和感受。但想知道貓咪真正的意思，你要看的不只是單一的肢體部位或動作。如果貓咪豎起尾巴、拱起背來，同時一邊哈氣、一邊往後退，那牠可能嚇壞了。相形之下，如果貓咪往左往右跳來跳去，那牠可能是玩心大發。

學習看懂貓咪的肢體語言，重點在於觀察牠們是在什麼情況下做什麼動作，了解行為和狀況之間的關係。書寫和繪製這本小書打開了我的眼睛，讓我看見我家貓咪彼此之間是如何對話的，又是如何和我溝通的。對於牠們（以及所有的貓咪）是何其敏感、聰慧又富於表達的動物，我也有了新的體會。希望閱讀這本書也帶給你一樣的收穫。

Lili ✕ 程麗蓮（^.<）

謹記

一、要看全身的動作
　　永遠都要看貓咪全身上下的整體動作，即使是在觀察單一身體部位的改變時。

二、要看情況
　　每個行為都有目的，想了解貓咪在說什麼和為什麼會這樣，就要去看這個行為是在什麼情況下發生的。

三、每隻貓咪都是獨一無二的個體
　　貓咪的行為也取決於年齡、健康、品種、性別、基因和過往獨特的經歷。舉例而言，小時候跟人類有良性互動和早期沒有這種正面經驗的貓咪，在人類身邊的表現就可能不一樣。不同的貓咪在同樣的情況中有不同的行為是很正常的。

氣味

即使人類無法解讀氣味和費洛蒙，
但我們可以在貓咪身上看到跟氣味溝通相關的行為。

氣味溝通

每隻貓都有自己的「招牌味」。嗅覺是貓咪賴以認識彼此的主要知覺。

貓朋貓友之間透過肌膚相親,將自己專屬的招牌味融合在一起,創造出共同的氣味,讓大家知道誰在自己的朋友圈,誰又不在這個圈子裡。是朋友或家人的貓咪常常透過肢體接觸、睡在一起或互相理毛來加強牠們共同的氣味。

貓咪如果離家一陣子,渾身帶著陌生的氣味回來,家中的貓朋友有可能認不出牠來,直到牠又恢復自己的招牌味為止。

氣味腺

貓咪臉上和身上的氣味腺散發出的費洛蒙，是其他貓咪可以理解的化學訊號。科學家還在研究這些氣味腺全部的確切位置，但目前我們知道的有：

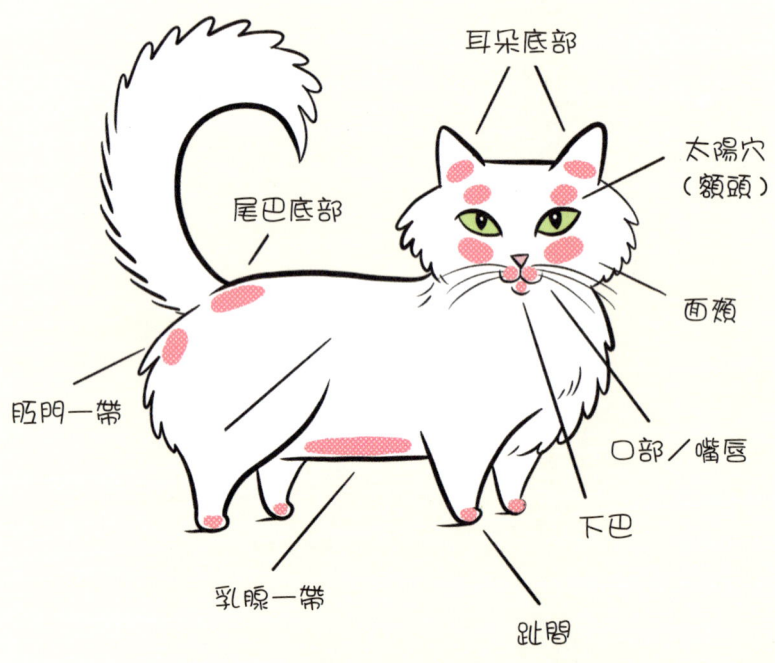

貓咪的氣味腺

氣味標記

氣味標記是貓咪傳遞的化學訊號（包括費洛蒙），會留在居家空間各處的物品上。這種行為是貓咪彼此溝通不可或缺的部分，也是讓他們無論身在何處都有安全感的必要手段。

氣味

蹭蹭、踩踩與抓抓

從臉部和腳趾的腺體傳遞化學訊號的行為。

行為表現：
- 臉和身體磨蹭牆壁、家具等等的物品。
- 用前腳踩啊踩，或用前爪抓啊抓。

貓咪可能覺得或可能是在：
- 很高興這些東西和這個地方聞起來很熟悉、很令人放心。
- 「我來過這裡」或「我住在這裡」。
- 加強自己所到之處的時間標記和地點標記（因為氣味會隨著時間變淡）。
- 透過氣味和其他貓咪分享消息。

如廁

貓便盆或貓砂盆是一隻貓的招牌味或貓咪全家的共同氣味最濃郁的地方。

事實上，如果貓砂盆中多了強烈的氣味，例如清潔劑或空氣芳香劑，貓咪可能會避免使用自己的貓砂盆。

噴尿（尿液記號）

看起來可能像撒尿，但噴尿表達出不同的需求。

行為表現：
- 尾巴高舉，有時也會抖動（另參見第58頁）。
- 把尿液噴在垂直的平面上，或噴在高於地面的物品上。

貓咪可能覺得或可能是在：
- 壓力大、不確定。
- 需要重新適應、需要確認這是哪裡。
- 「我家有異常的改變！」
- 「我要讓這裡有家的感覺。」
- 如果沒結紮，可能是在透過氣味吸引交配對象。

解讀氣味（裂唇嗅）

氣味是貓咪溝通的基礎，貓咪有兩種嗅覺器官：一是鼻子，二是位於上顎上方的犁鼻器（傑克森氏器）。

當貓咪用這個器官聞味道時，臉上露出的表情被稱之為「裂唇嗅反應」或「弗萊敏反應」。那副嘴巴微張、翹起一邊嘴唇的模樣，和貓王艾維斯的招牌表情有異曲同工之妙，所以也被戲稱為艾維斯唇（Elvis lip）。常有人誤以為這是貓咪生氣了，但牠們其實只是在解讀味道。

氣味

行為表現：
- 上唇翻起，下唇微微張開。
- 看起來像張口結舌、一臉不屑或做鬼臉的樣子。

貓咪可能覺得或可能是在：
- 「我只是在搜集更多資訊……」
- 吸入並以高解析度「品嘗」某種味道。
- 偵測費洛蒙。

註：裂唇嗅不是貓咪獨有，馬、犀牛、山羊、鹿、綿羊和狗狗也會！表現出來的樣子因動物的種類而異。

好玩的味道

偵測氣味

貓咪跟狗一樣有靈敏的嗅覺和追蹤、鎖定氣味來源的超能力。
在偵測氣味時,貓咪一般會放慢腳步,比狗移動的速度慢。
貓咪忙著分析氣味時,也可能是一臉百無聊賴的表情(例如停下來望著半空中發呆)。

氣味

貓薄荷反應

依個別貓咪而定,聞到吸引貓咪的植物散發的化學物質時,牠們普遍會有這些行為。

行為表現:
- 在地上打滾。
- 用臉和下巴去磨蹭那棵植物。
- 流口水、搖頭晃腦(參見第130頁)、背部抖動(參見第129頁)、抓著玩、咬著玩,以及兔子踢(參見第141頁)。

貓咪可能覺得:
- 陶醉、放鬆。
- 興奮、刺激。

註:不是所有貓咪都會有反應或有一樣的行為表現。

蹭臉

打滾

玩吸引貓咪的植物

咬咬

踢踢

耳朵

貓咪有絕佳的聽力,而且,牠們的耳朵是表情最豐富的面部器官之一。每隻耳朵都有三十二條肌肉,可做全方位的動作。

耳朵正對前方

耳朵

耳朵正對前方

以多數貓咪而言，這都是放鬆的姿勢。

行為表現：
- 耳朵的開口朝向前方。
- 耳朵尖端豎起，微微斜向兩邊（傾斜角度依個別貓咪而定）。

貓咪可能覺得：
- 滿足。
- 舒服、放鬆。
- 耳朵直立時則是對周遭環境有所警戒。

要訣：耳朵尖端分得越開，貓咪的感覺越不舒服。

雷達耳

多數貓咪的耳朵都可以朝各個方向活動自如:分得更開、靠得更近、往前、往兩邊、往後和各種不同的組合。

行為表現:
- 耳朵的開口短暫朝任一方向旋轉,接著改變方向。
- 兩隻耳朵各動各的。

貓咪可能覺得或可能是在:
- 「這裡有什麼我該注意的嗎?」
- 分析不同聲音的來向。
- 鎖定某個聲音的來源。

參照貓咪肢體語言的其他改變,觀察耳朵的姿勢和動作,可以推敲出貓咪是覺得很自在、很好奇,還是很擔心。

耳朵外轉

看起來就像烏賊展開牠們的肉鰭,所以又稱為烏賊耳（squid ears）。

行為表現：
- 兩耳保持外轉。
- 耳朵尖端往上或往後（從正面看,耳朵顯得比較細瘦）。

貓咪可能覺得：
- 不安。
- 困惑。
- 挫折。
- 「情況不妙。」
- 「我要提高警覺才行！」

要訣：兩隻耳朵都向外旋轉,可能表示貓咪同時在聽兩種從相反方向傳來的聲音。你可以從貓咪耳朵保持這個姿勢多久來判斷牠是不是壓力很大。耳朵轉得越後面,貓咪的不適感就越重；如果同時還壓得低低的,則為懼怕的表現。

耳朵

耳朵平貼

也會說是耳朵下壓、耳朵放低、耳朵藏起來。如果耳朵像翅膀一樣,尖端指向兩旁或後方,則稱之為飛機耳。

行為表現:
- 耳朵平貼,看不見開口。
- 耳朵尖端向下或向後。

貓咪可能覺得:
- 害怕。
- 焦慮。
- 受困。
- 耳朵壓得越平,恐懼感就越重!

耳朵壓平

嘶!!!!

別再靠近了喔!!

防衛姿勢

分辨差異
耳朵垂下來

一般而言，貓咪心情愉快和充滿自信時，耳朵是直立起來、面向前方的。當耳朵改變方向時，請看看這個姿勢保持多久，以及全身上下有什麼狀況，以判斷牠們是否壓力很大。

壓力大

貓咪躲起來或蹲低時，我們可以從耳朵平貼知道牠們覺得不知所措或很害怕。

只是在保護耳朵

玩耍或打架時，貓咪可能會把耳朵放低來保護耳朵。有人摸牠們的頭或幫牠們理毛時，貓咪也可能把耳朵放低，稍微讓開一下。

順應環境

貓咪為了舒服地窩在一個狹窄的空間裡，也可能把耳朵放低。

壓力大

- 耳朵平貼、下垂
- 瞳孔放大
- 低頭、蹲伏／藏起四肢

只是在保護耳朵

- 耳朵往後壓平
- 舔舔
- 耳朵壓平

順應環境

- 耳朵向前壓平

別種耳朵姿勢

有些品種的貓咪耳朵活動度有限，或者無法充分旋轉，或者無法平貼，或者完全動不了。這也是為什麼設法解讀貓咪感受時，更要觀察全身的動作。

耳朵很小，
分得很開

細微的旋轉

兩耳靠得很近
（最低限度的動作）

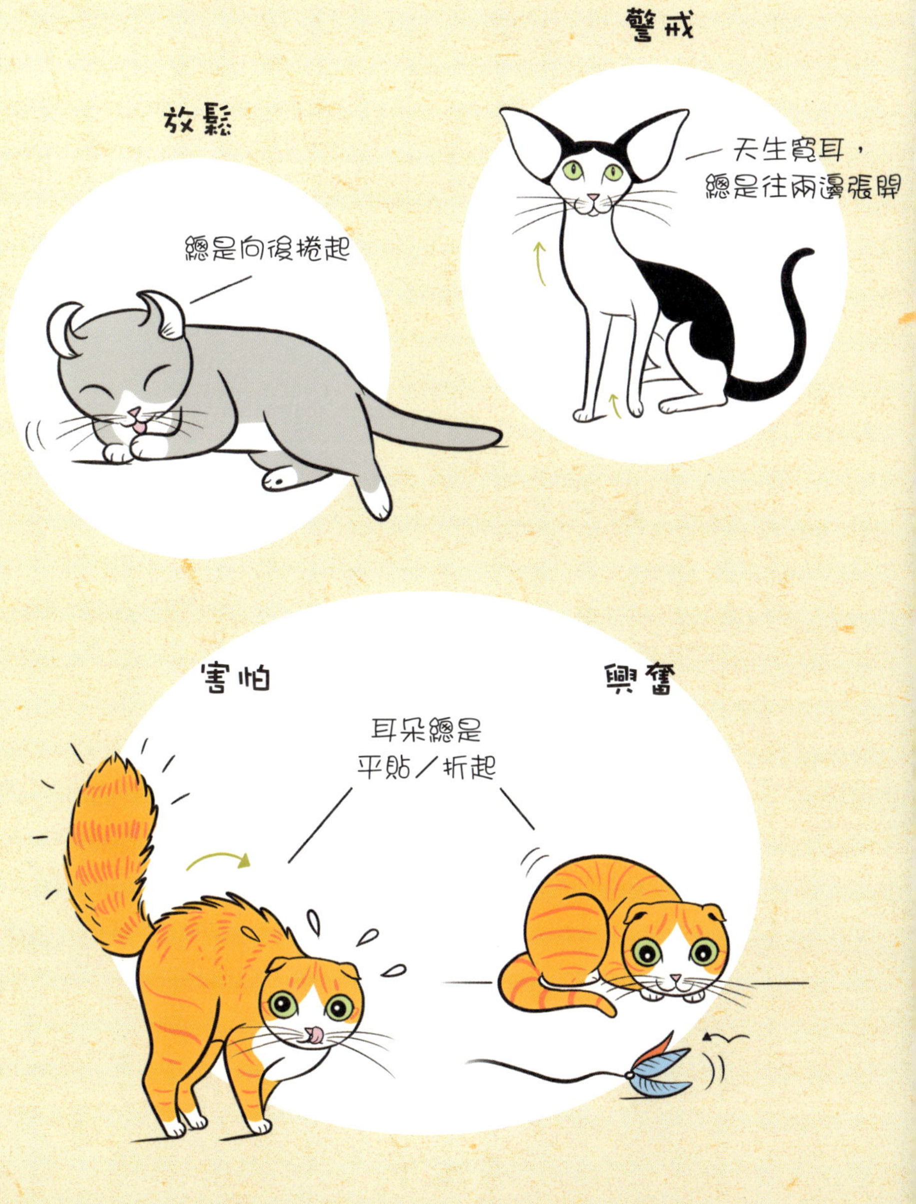
放鬆
總是向後捲起
警戒
天生寬耳，
總是往兩邊張開
害怕
興奮
耳朵總是
平貼／折起

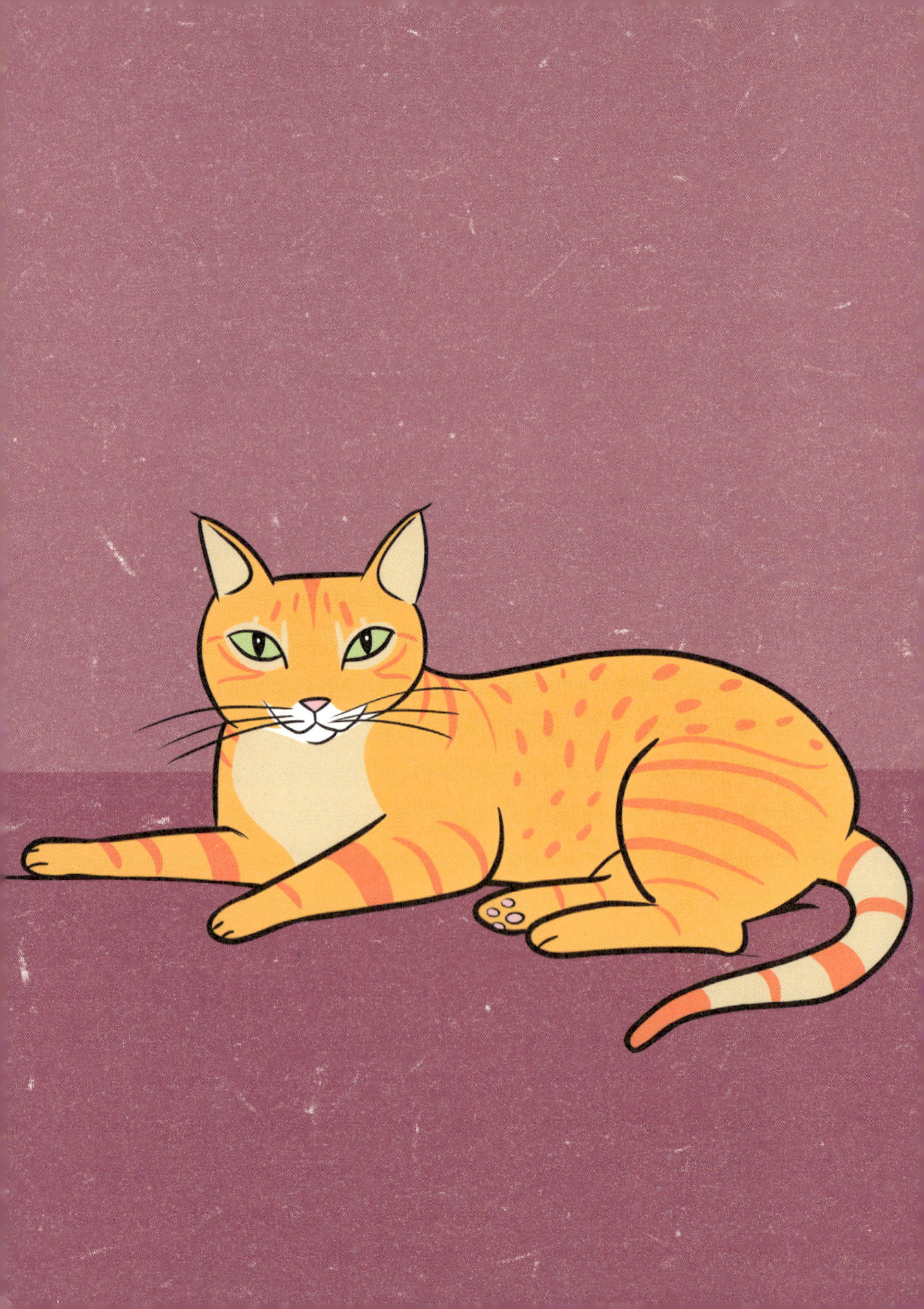

眼睛

貓咪總是在觀察和學習周遭環境，並觀察我們對事物有什麼反應。

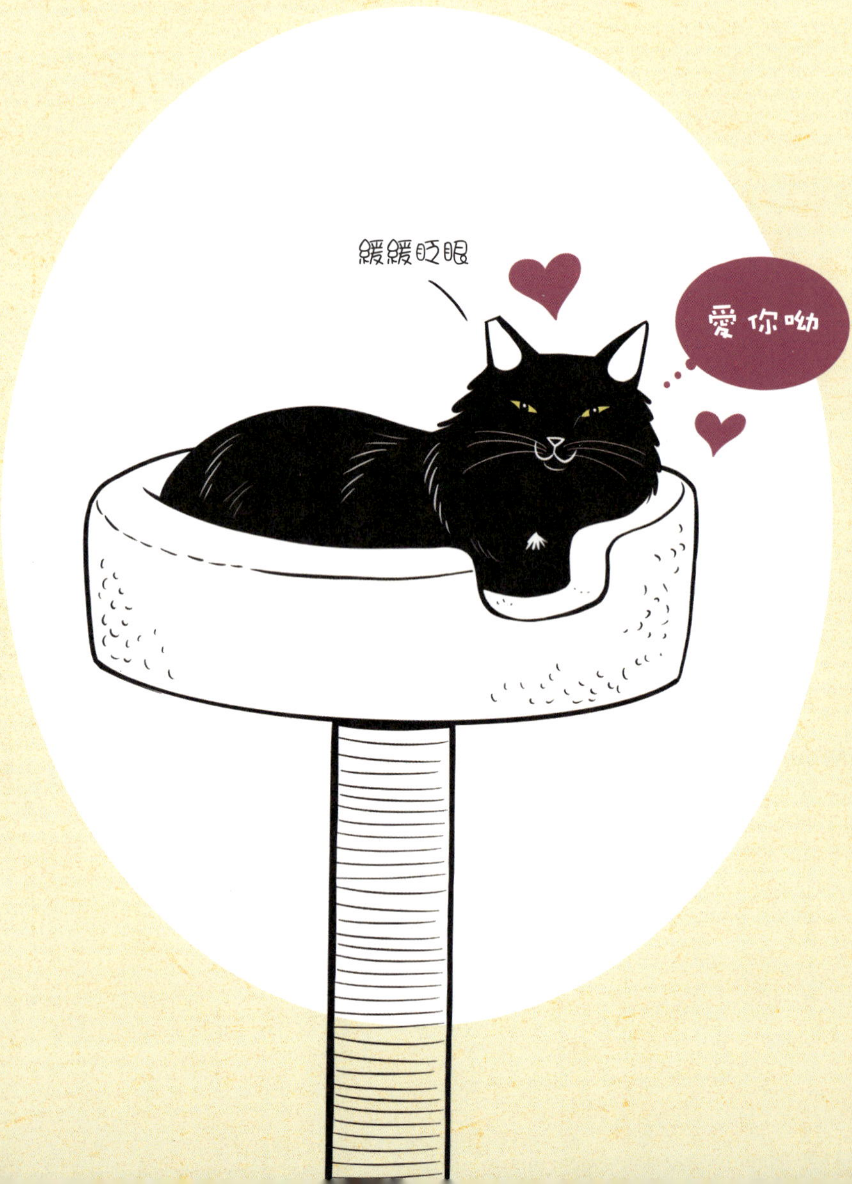
緩緩眨眼
愛你呦

柔和凝視，緩緩眨眼

貓咪柔和的眼神象徵平靜的心情。

行為表現：
- 和你眼神接觸時，眼睛呈杏仁狀或睡眼惺忪貌。
- 可能還加上慵懶地緩緩眨眼的動作。

貓咪可能覺得或可能是在：
- 舒服。
- 友善。
- 想化解緊張的關係。
- 「和你在一起還不錯嘛！」
- 回應別隻貓咪或人類緩慢眨眼的動作。

貓咪看動作比看細節清楚。如果貓咪看起來像是眼睛一眨也不眨地盯著你，牠可能只是在看房間裡的動靜，而不是在看你。

瞪視／俯視

與柔和凝視相反,這是一種挑釁的行為。

行為表現:
- 一直瞪著別隻貓不放。
- 高姿態,頭抬高。
- 定住不動。

貓咪可能覺得或可能是在:
- 惱怒。
- 「這是我的地盤。」
- 「別再靠近,否則……」
- 準備追趕別隻貓。

註:兩隻貓互瞪,結果可能是其中一隻離開或雙方打起來。在這樣的互動中,要觀察雙方的肢體語言,以判斷實際情況。(另參見第93頁的「嚇阻威脅」)

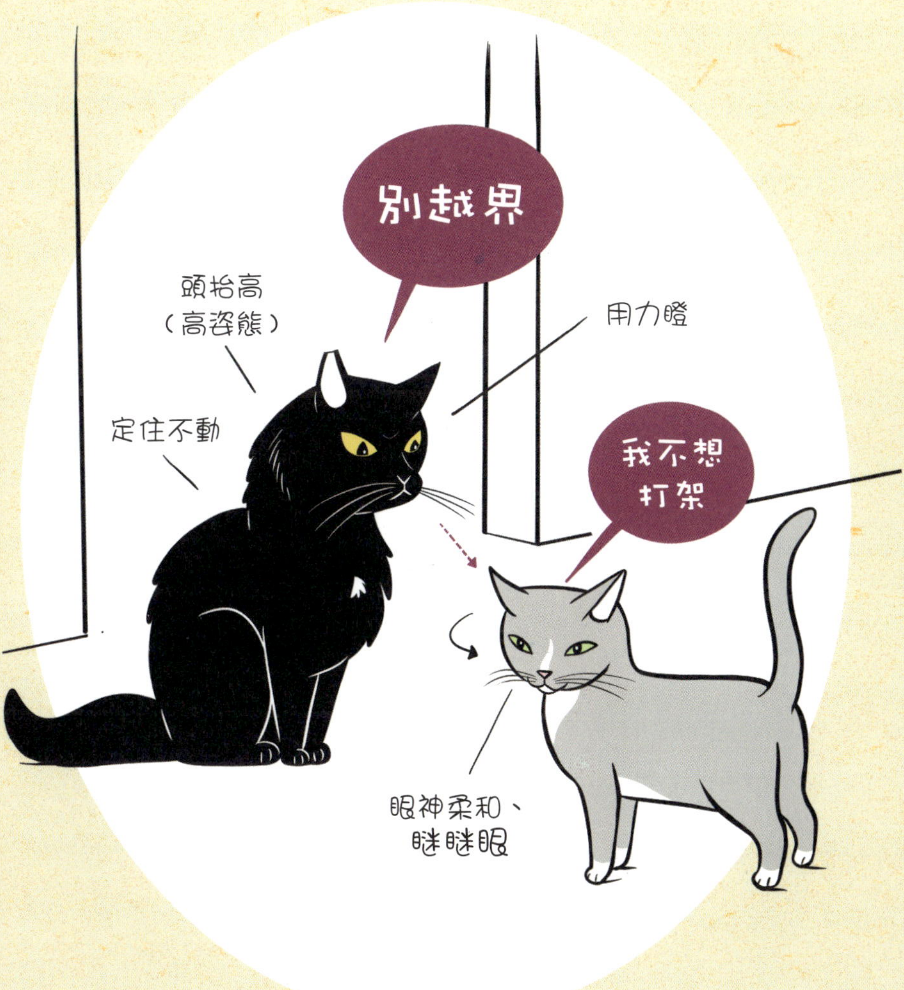
別越界
頭抬高
（高姿態）
用力瞪
定住不動
我不想
打架
眼神柔和、
瞇瞇眼

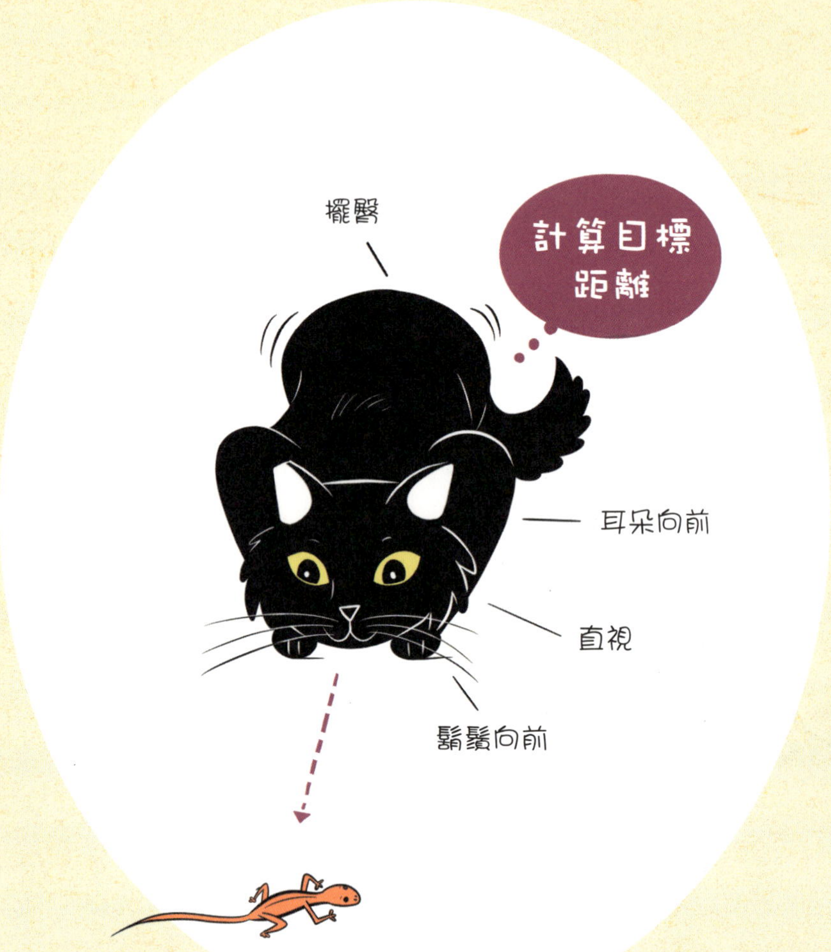

擺臀
計算目標
距離
耳朵向前
直視
鬍鬚向前

眼睛

玩耍、狩獵的盯視

接下來通常會有伏擊或突襲的動作。

行為表現：
- 睜大眼睛緊盯一個移動中的小東西或小生物。
- 警戒的耳朵（另參見第23頁）。
- 上半身定住不動，後腿和尾巴在動。

貓咪可能覺得：
- 很感興趣。
- 很著迷。
- 玩心大發或狩心大發（另參見第139至141頁）。
- 「我來抓你囉！」

註：貓咪有絕佳的動態視力，但卻難以聚焦在眼前12英寸／30公分內的東西上（另參見第50頁）。

瞳孔大小

由於貓咪在亮處或全黑的地方看不清楚,所以牠們的瞳孔會根據光照條件縮放。貓咪正常或平常的瞳孔大小也可能因貓而異。

瞳孔縮小

行為表現:
- 瞳孔瞇成一條豎直的細線。

貓咪可能覺得或可能是在:
- 太亮了,需要看得更清楚。
- 用更銳利的聚焦來測量距離。

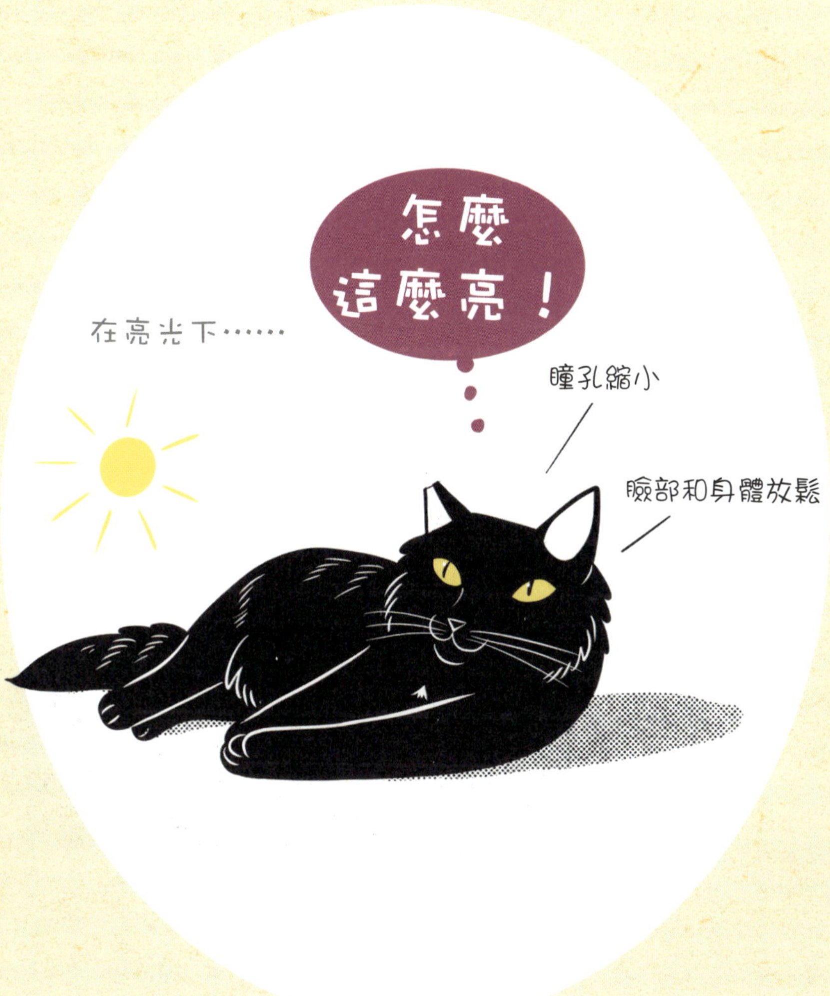
在亮光下……
怎麼這麼亮！
瞳孔縮小
臉部和身體放鬆

興致高昂

瞳孔放大

耳朵豎起、朝向前方

喔！哇！

眼睛

瞳孔放大

行為表現：
- 瞳孔又大又圓。
- 瞳孔可能迅速放大又恢復正常大小。

貓咪可能覺得或可能是在：
- 光線不足，需要看得更清楚。
- 依其他肢體語言和情境而定，貓咪可能覺得很興奮或很害怕。

註：有些藥物可能導致瞳孔大小改變。

害怕

怎樣才能放鬆?!

瞳孔放大

耳朵下壓

躲起來

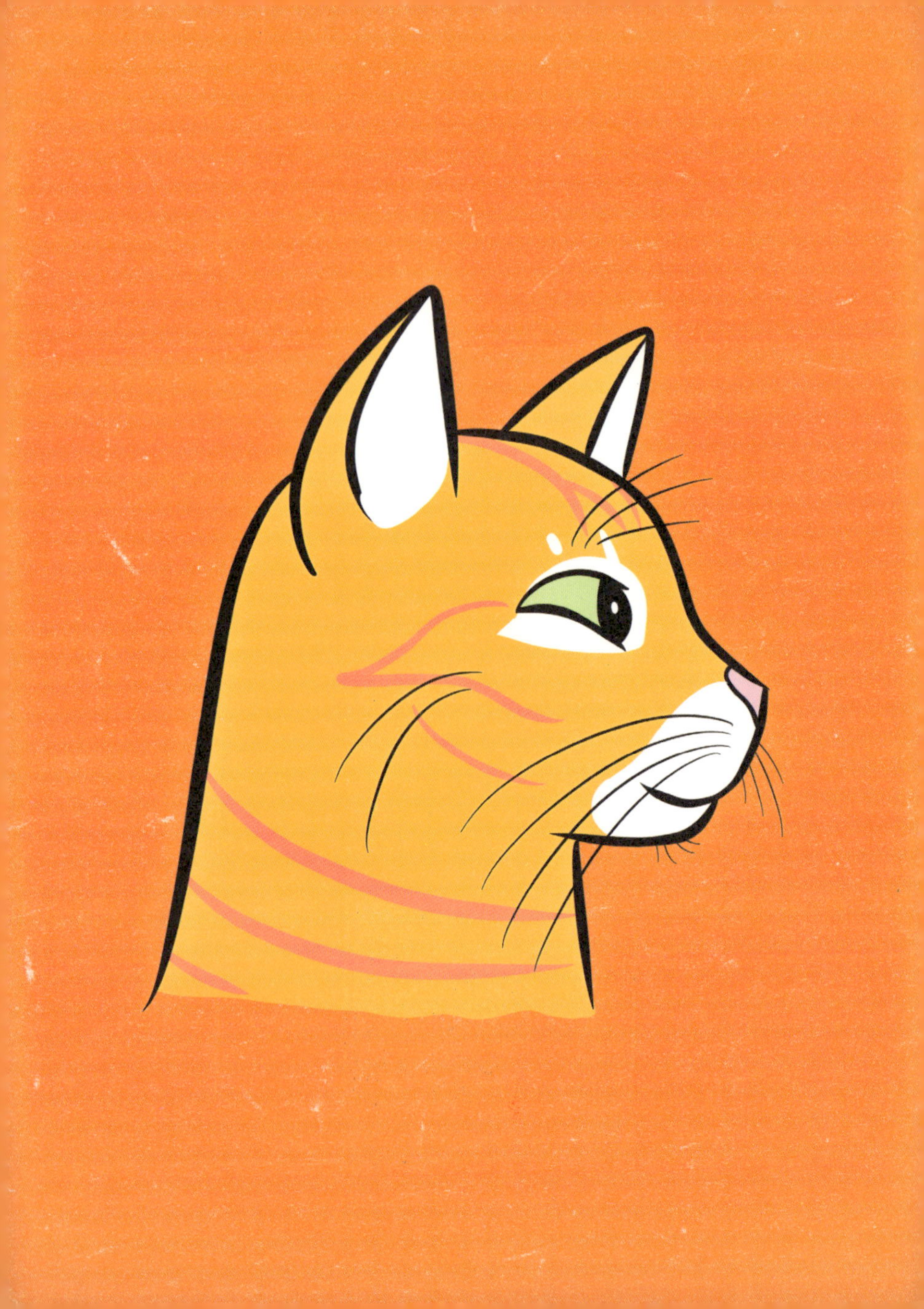

鬍鬚

我們可能很難看出鬍鬚有什麼動靜，
但貓咪的鬍鬚有很多功能喔！

放鬆的嘴部鬍鬚[2]

以多數貓咪而言,放鬆的鬍鬚像扇子般往兩邊張開,並且有點下垂。鬍鬚的構造依貓咪的品種而異。

譯註2 除了嘴邊的鬍鬚,貓咪在眼睛上方和前腳後方也有鬍鬚。

貓咪臉部鬍鬚的毛囊有血管和敏感的神經末梢，可以幫助貓咪：
- 偵測氣流的變化。
- 測量狹窄的空間，看自己鑽不鑽得過去。
- 如果有東西靠得太近，可以知道要眨眼保護自己的眼睛。
- 看到近在眼前的物體或獵物。

鬍鬚也顯示出貓咪有什麼感受，或牠們正在做什麼。

鬍鬚向前張開

行為表現：
- 當貓咪眼睛聚焦在某件東西上時，鬍鬚會往兩邊張得很開。
- 嘴巴可能看起來鼓鼓的。

貓咪可能覺得或可能是在：
- 興奮。
- 好奇。
- 測量近處獵物或物體的距離（貓咪看不清近在眼前的東西）。

（眼前30公分內）

逮到你了！

鬍鬚向前張開

鬍鬚向後收

行為表現：
- 鬍鬚往後壓，平貼在臉上，可能看起來像聚攏成一束。

貓咪可能覺得：
- 焦慮不安。
- 不知所措。
- 「不要碰我的鬍鬚！」

有東西靠得太近時，貓咪也可能為了保護自己將鬍鬚向後收，避免鬍鬚被碰到（另參見135頁豎直拉緊的鬍鬚）。

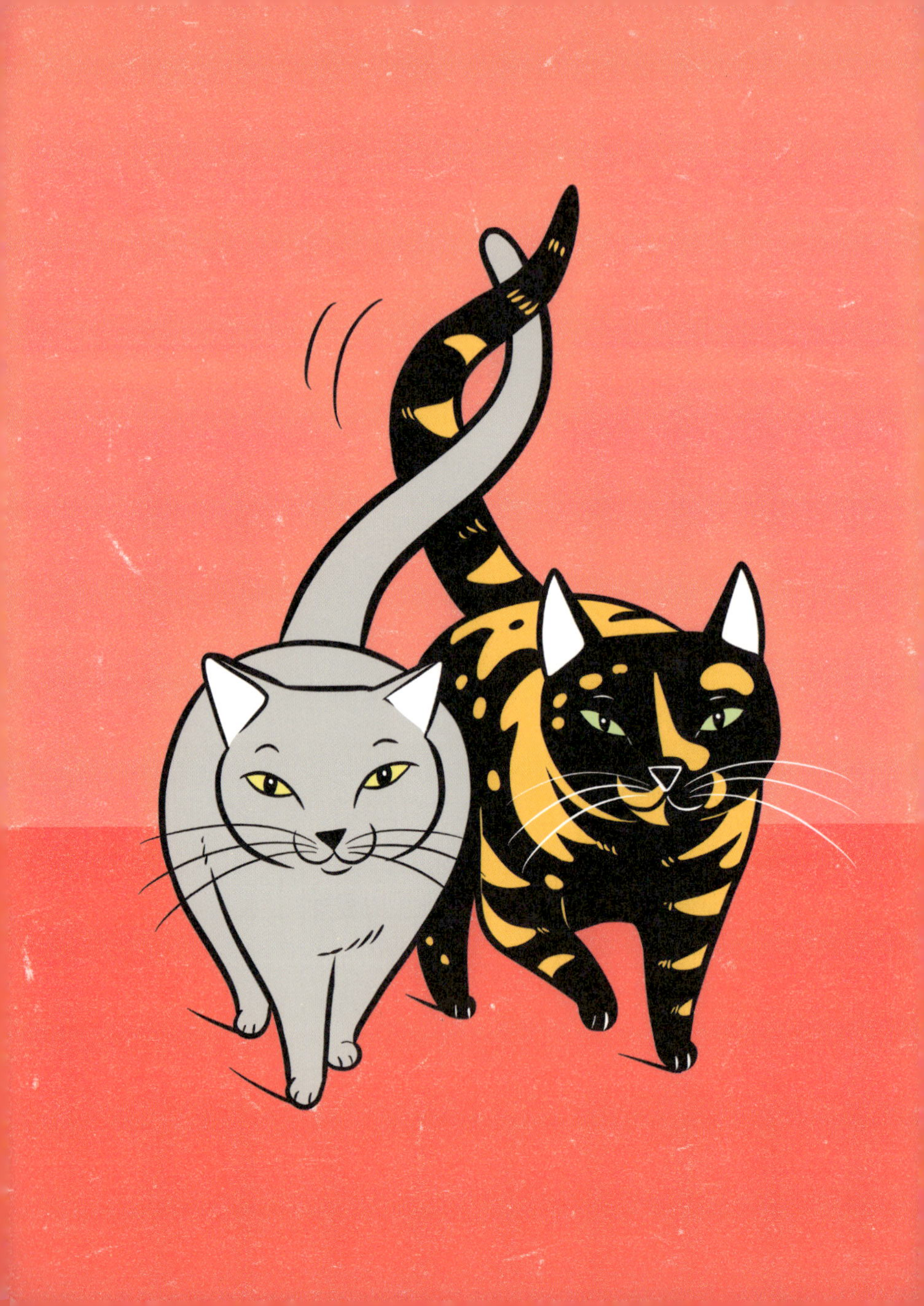

尾巴

貓咪在移動和爬行時靠尾巴保持平衡，
但尾巴的姿勢和動作也能表達心情。

放鬆，高舉

放鬆，平舉

放鬆，下垂

尾巴

放鬆的尾巴

行為表現：
- 每隻貓咪在移動時，拖著放鬆的尾巴的方式略有不同。
- 微捲（不僵直、不緊繃）。

貓咪可能覺得：
- 「悠悠哉哉～～」
- 放鬆。
- 無憂無慮。

放鬆的尾巴

尾巴翹起來

行為表現：
- 尾巴直立而鬆軟。
- 末端可能輕輕捲起來，像問號或拐杖糖的形狀。

貓咪可能覺得：
- 開心。
- 自信。
- 友善。
- 「我是來示好的。」（而你遠遠就可以從我的尾巴看出來）
- 「我想跟你互動一下。」

勿跟第66至69頁「尾巴炸毛」混淆。

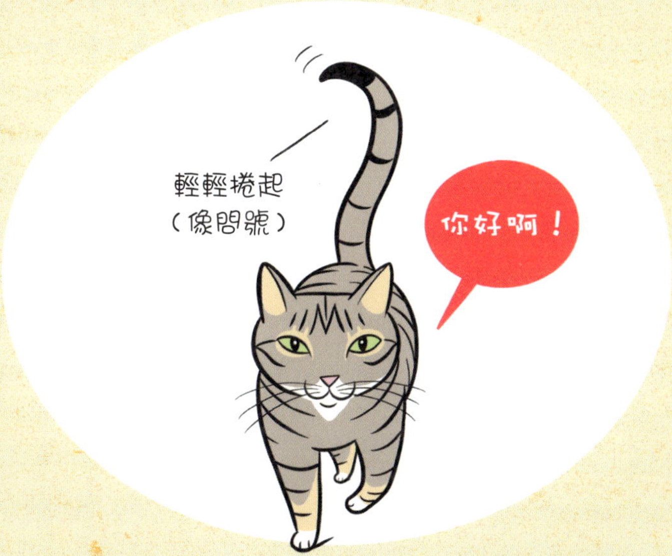
輕輕捲起
（像問號）
你好啊！

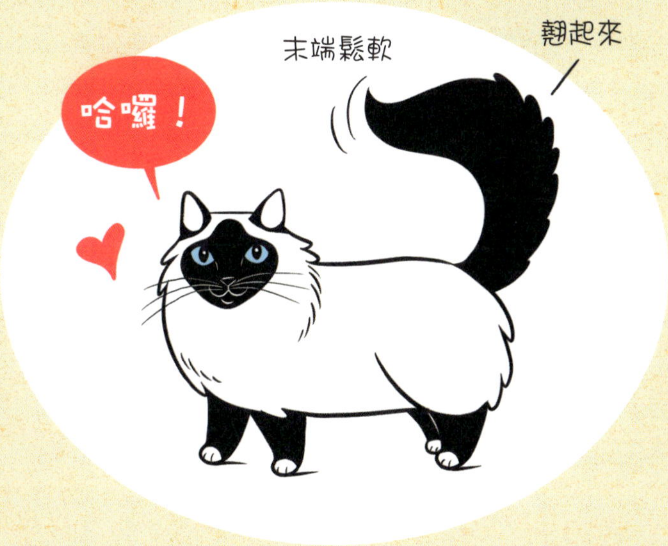
末端鬆軟
翹起來
哈囉！

抖動尾巴

會在貓咪跟人打招呼時看到（勿與噴尿前抖動尾巴的行為混淆；參見第15頁）。

行為表現：
- 尾巴豎起，從尾巴底部抖動（不是甩動）。

貓咪可能覺得：
- 開心。
- 飄飄欲仙。
- 超期待或超想要某件東西。

尾巴抖動／震動

見到你真開心！

拱背

靠上前去

尾巴

尾巴接觸

行為表現：
- 尾巴碰觸或纏繞另一隻貓的尾巴或身體，或是碰觸或纏在人身上。

貓咪可能覺得：
- 「我心已融化。」
- 想要互動。

我喜歡你

尾巴接觸、纏繞

尾巴掃過去

你好！

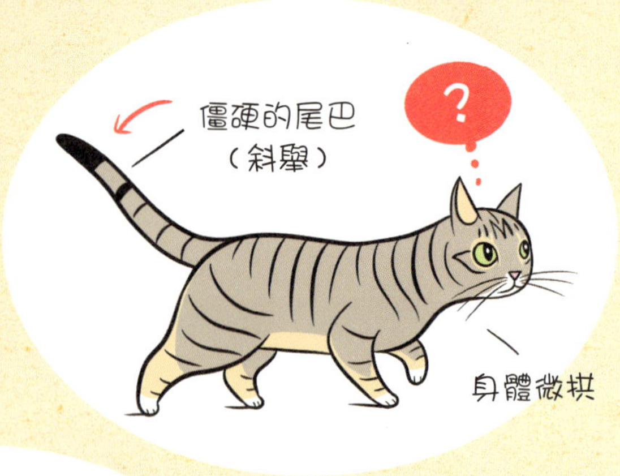
?
僵硬的尾巴
（斜舉）
身體微拱

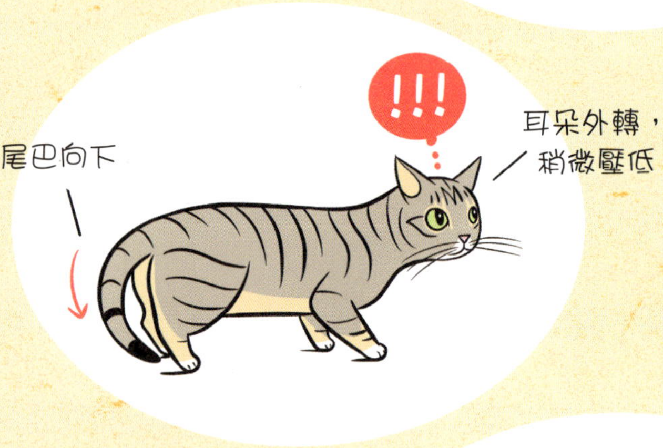
!!!
尾巴向下
耳朵外轉，
稍微壓低

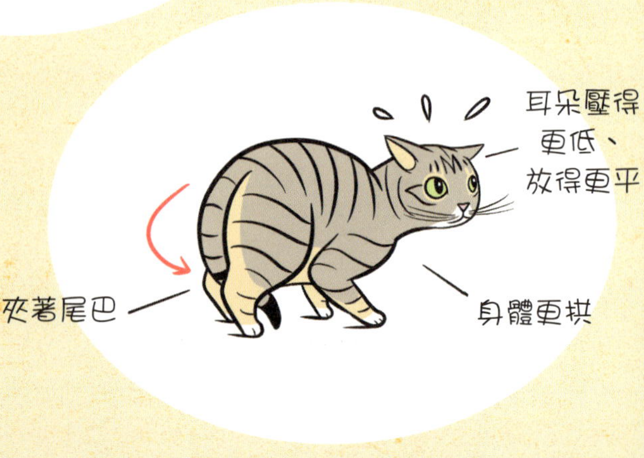
耳朵壓得
更低、
放得更平
夾著尾巴
身體更拱

緊張的尾巴

通常會在貓咪走開時看到。

行為表現：
- 尾巴僵住斜舉。
- 尾巴末端垂向地面或夾在屁股底下。

貓咪可能覺得：
- 不確定。
- 不安全。
- 擔心。
- 「要從這裡逃走嗎？」

擺尾

行為表現：
- 來回擺動或甩動尾巴上半部分。

貓咪可能覺得或可能是在：
- 對眼前的情況很著迷。
- 「我興奮得受不了了！」
- 忙著解讀周遭環境中的事物。
- 深受吸引。
- 看著或等著期待的事情發生。

尾巴的動作越大，感受就越強烈。

真好聞！

尾巴甩來甩去

聚精會神、好奇探究

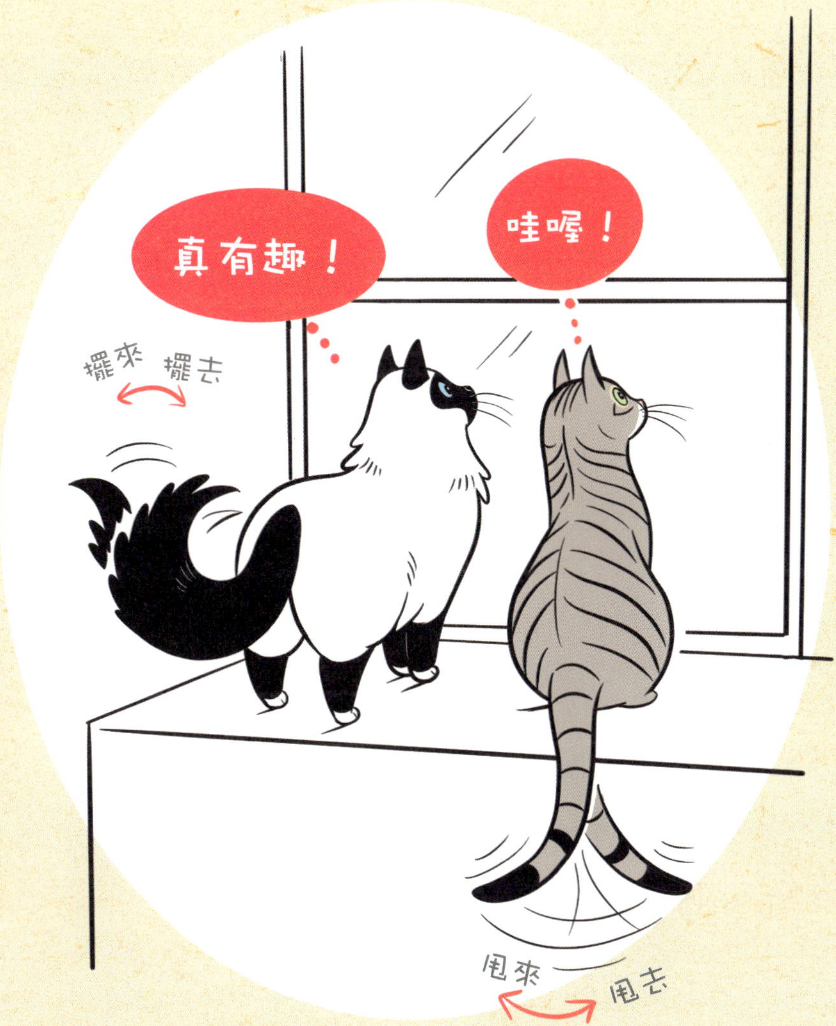
真有趣！
哇喔！
擺來 擺去
甩來 甩去

掃尾

行為表現：
- 尾巴揮來揮去或掃來掃去——大幅度的擺動、揮動或拍動。

貓咪可能覺得：
- 無法忍受。
- 沮喪挫折。
- 「這太過分了！」
- 「我現在無法放鬆。」

依情況而定，大幅度的尾巴動作可能顯示興奮、煩躁或刺激太大。

歐買尬…

尾巴掃來掃去

定睛注視

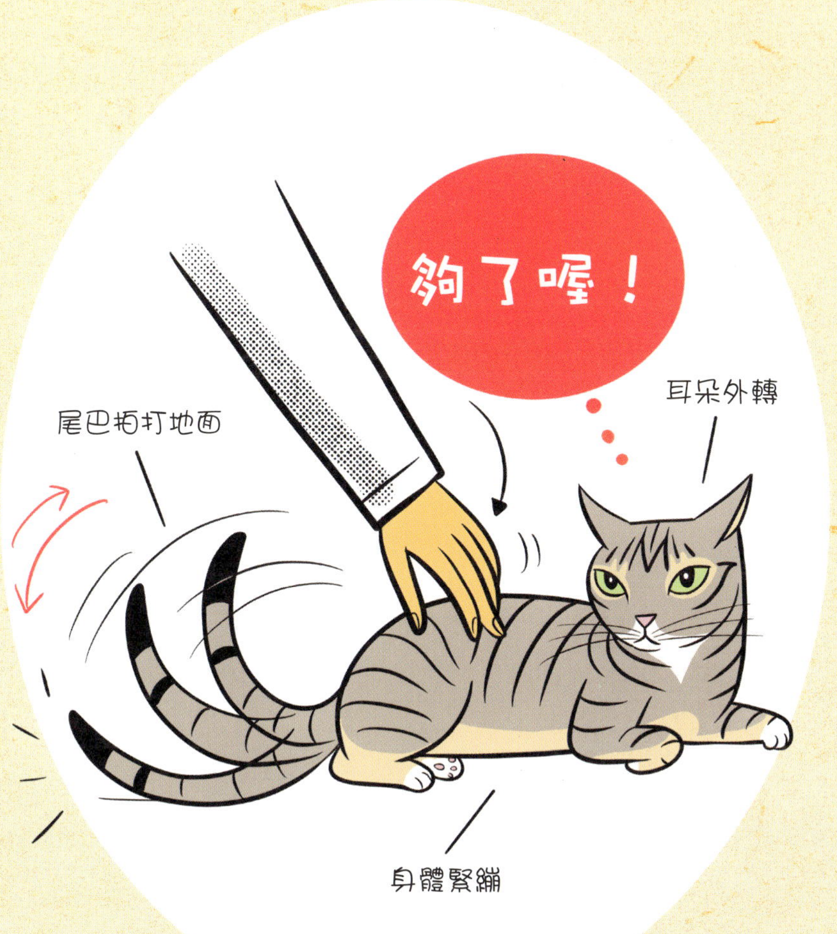

夠了喔！
耳朵外轉
尾巴拍打地面
身體緊繃

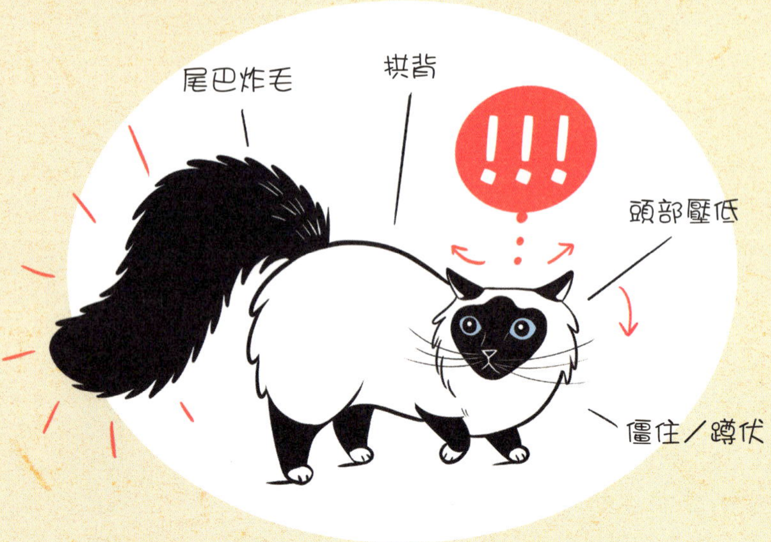
尾巴炸毛
拱背
!!!
頭部壓低
僵住／蹲伏

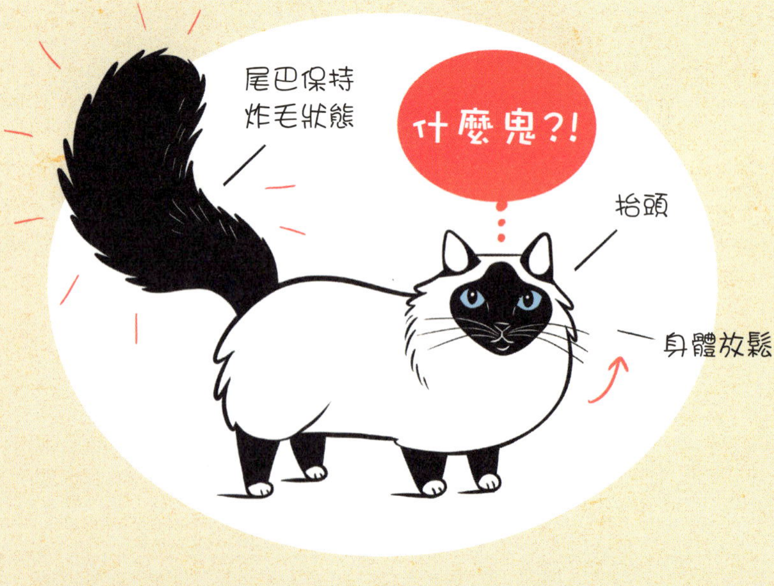
尾巴保持
炸毛狀態
什麼鬼?!
抬頭
身體放鬆

炸毛尾巴：受驚型

一定要看整體動作來了解整件事是怎麼回事。

行為表現：
- 尾巴的毛突然豎起來、膨起來或炸開來。
- 身體其餘部位都放鬆下來時，尾巴還是保持炸毛狀態。

貓咪可能覺得或可能是在：
- 嚇一大跳。
- 措手不及。
- 受到驚嚇或干擾，正在平復情緒。

譯註3　貓咪炸毛為立毛肌收縮、導致寒毛豎起的反射作用，學名為豎毛反射（piloerection）。

炸毛尾巴：防衛型

有時也稱之為奶瓶刷尾（bottlebrush tail）或聖誕樹尾（Christmas tree tail）。

行為表現：
- 尾巴炸毛高舉或垂下。
- 低頭或縮頭。
- 面部和身體緊繃。
- 身體側過來，讓自己看起來比較大隻。

貓咪可能覺得：
- 害怕。
- 受困。
- 防衛。
- 「走開！別過來！」
- 「先兇再說！」

另參見第91頁「害怕的高姿態」。

別種尾巴姿勢

光看貓咪的尾巴不能說明整件事,一定要參酌整體動作和周遭情況,尤其是以短尾貓和無尾貓而言。

舒服、自在

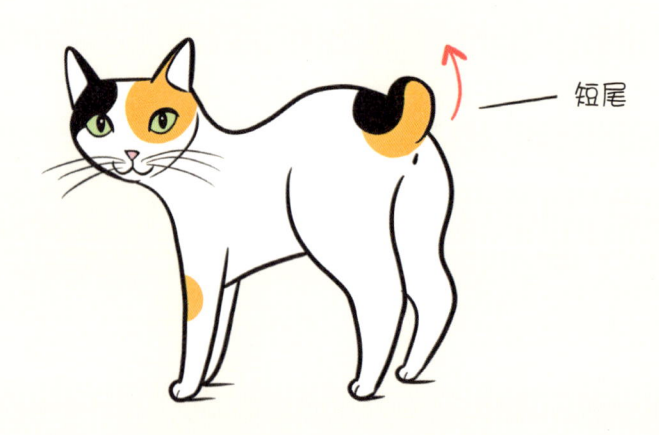

短尾

放鬆　　　　　戒備

中長尾　　　蹲伏　　頭部壓低

遲疑　　　　　充滿自信

無尾

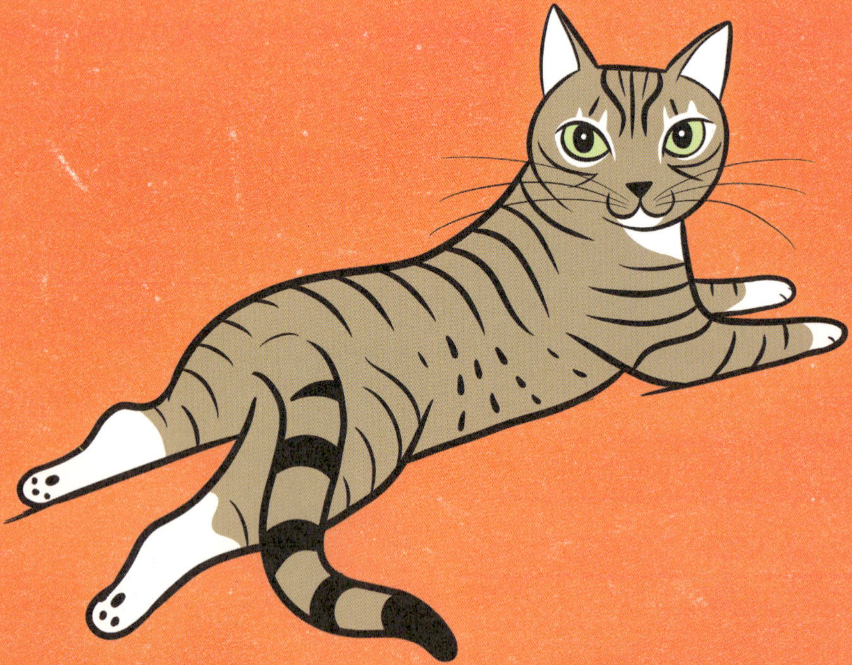

整體姿勢

以下是綜合考量全身動作的一些範例。

耳朵朝前

眼神柔和

頭部高於肩膀

不緊繃

耳朵朝前

眼神柔和

身體舒展

腳掌碰地

整體姿勢

放鬆和滿足

放鬆的貓咪身體看起來柔軟而靈活，動作慵懶。

行為表現：
- 臉部和身體不緊繃。
- 動作流暢，不急不徐。
- 全身重量平衡。

貓咪可能覺得：
- 放鬆、滿足。
- 「一切都很好。」
- 「悠悠哉哉～～」

要訣：肉墊沒有碰地的貓咪比肉墊碰地的貓咪來得放鬆。

「貓麵包」[4]

小睡一下

睡眼惺忪

腳掌收起
（肉墊不接觸地面）

譯註4　貓咪將四肢縮在身體下面趴臥的姿勢像一條吐司麵包，俗稱「貓麵包」（CAT LOAF）或「揣手手」。

格外放鬆、舒服

貓咪的身體越是「開放」或越伸展開來，牠們的感覺就越放鬆、舒服，同時也可能用前掌踩踏（參見第116頁「踩奶」）。

行為表現：
- 開放的身體姿勢──懶洋洋或伸懶腰的樣子。
- 肉墊（肉球）全都露，腳掌離地。
- 臉部放鬆。

貓咪可能覺得：
- 身心舒暢、環境舒適。
- 格外放鬆。

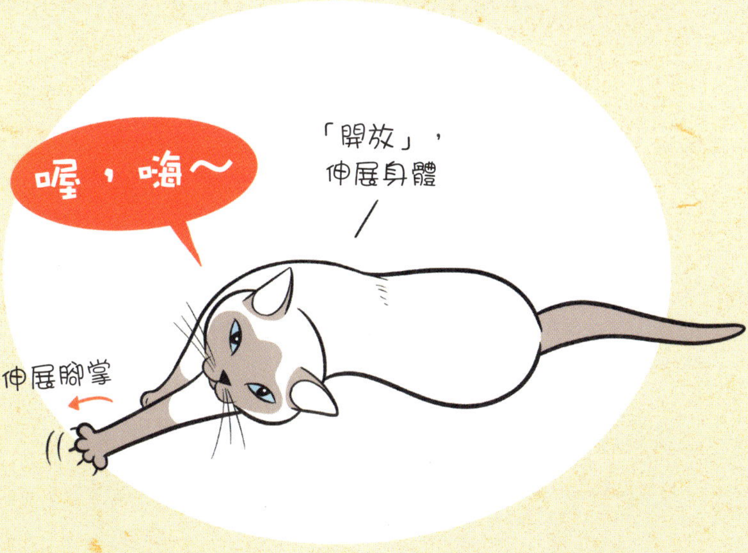
喔，嗨～
「開放」，
伸展身體
伸展腳掌

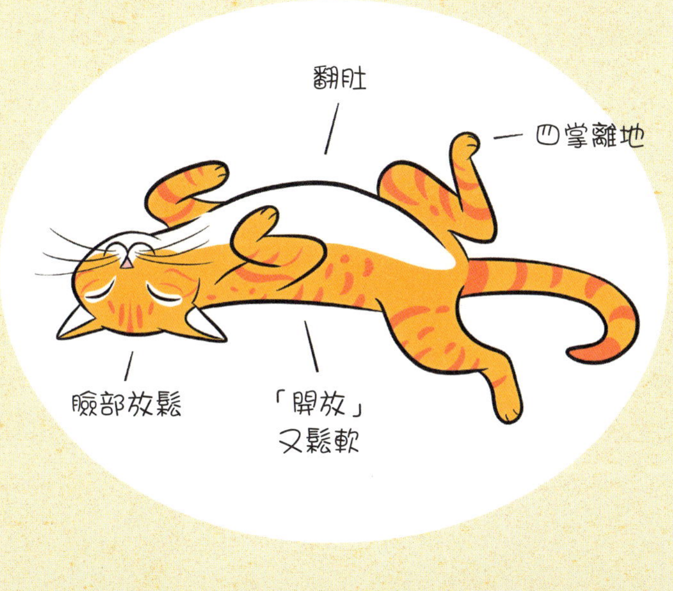
翻肚
四掌離地
臉部放鬆
「開放」
又鬆軟

嗯哼嗯哼
……

耳朵向前

頭部與肩同高
或高過肩膀

尾巴放鬆

眼神柔和

慢

重量平衡

悠哉漫步

放鬆的貓咪從頭到尾都展現出流暢的動作,全身上下不緊繃。忽然倒彈、動作卡頓,抑或是抽搐、顫動,都在告訴你貓咪可能覺得受到刺激、很不安或很煩躁。

行為表現:
- 頭部與肩同高,或高於肩膀。
- 眼神柔和、耳朵朝前。
- 步調緩慢、慵懶。
- 尾巴放鬆——可能舉起,也可能放下,因貓而異。

貓咪可能覺得:
- 有點好奇。
- 放空發呆,沒在特別注意某件人事物。
- 在自己的地盤上很舒服。

要訣:觀察貓咪頭部相對於肩膀的位置。貓咪的頭部越低於肩膀高度,就表示牠越沒自信或越不安。

昂首闊步

行為表現：
- 直接走上前去。
- 頭部與肩同高，或高過肩膀。
- 耳朵朝前。
- 尾巴高舉並輕輕捲起（另參見第56至57頁）。

貓咪可能覺得：
- 開心。
- 自信、自在。
- 親切。

哈囉！

尾巴高舉（動作輕柔）

耳朵朝前

頭部高過肩膀

迎上前去

遲疑

站姿或坐姿皆可表現出貓咪的遲疑。

行為表現：
- 停住不動。
- 頭部低於肩膀。
- 微蹲，四肢收起。

貓咪可能覺得：
- 不確定。
- 要小心。
- 「要過去嗎？要撤嗎？」

不太對勁

尾巴斜舉

耳朵放低／外轉

頭部低於肩高

微蹲

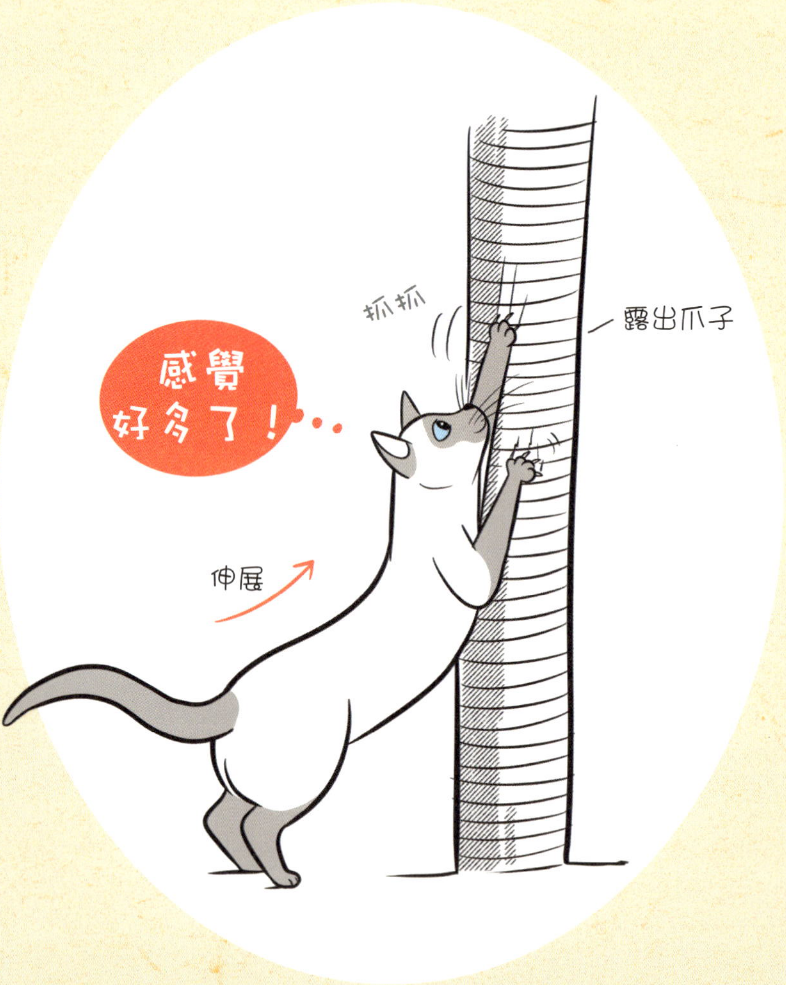

感覺
好多了！
抓抓
露出爪子
伸展

（在物體的表面）抓來抓去

抓來抓去是貓咪不可或缺的基本需求，就連接受過截趾手術（去爪手術[5]）的貓咪也會試圖抓啊抓。

行為表現：
- 在垂直或水平的物體表面上，用爪子抓出長長的痕跡。
- 身體拉長伸展。

貓咪可能覺得或可能是在：
- 開心、興奮。
- 尋求人類的注意或關愛。
- 需要緩解緊張的情緒。
- 指甲護理：去除老廢的指甲表層或將爪子磨利。
- 好好伸展一下全身。
- 留下費洛蒙（另參見第11至13頁「氣味標記」）。

譯註5　醫療上，可能因為腳趾嚴重的發炎或腫瘤等問題，而截斷貓咪的腳趾頭，俗稱去爪或除爪（DECLAW）。非醫療的用途則是為了避免家貓抓壞家中物品，採取預防性的截趾手術，盛行於美國，故作者特別強調動這種手術並不能防止貓咪亂抓。

那是什麼？ 頭抬高 豎起耳朵 睜大眼睛 身體挺起來

警戒、好奇

行為表現：
- 頭抬高。
- 豎起耳朵、睜大眼睛。
- 可能會以後腳站立。

貓咪可能覺得或可能是在：
- 提高警覺、集中注意力。
- 有點緊張，但沒有緊張到要逃走或躲起來。
- 「我需要更多資訊。」

鎖定、跟蹤

行為表現：
- 脖子拉長，匍匐前進。
- 眼神專注，瞳孔大小可能改變。
- 守候、觀察，或躡手躡腳慢慢往前爬。

貓咪可能覺得或可能是在：
- 聚精會神。
- 計算距離。
- 「我來抓你了！」

另參見140至141頁「狩獵遊戲」。

目標接近！

耳朵朝前

直視

躡手躡腳

匍匐前進

脖子向前伸

整體姿勢

焦慮不安

行為表現：
- 身體伏低，保持距離。
- 尾巴下垂或夾著尾巴。

貓咪可能覺得：
- 害怕。
- 不安全。
- 有不詳的預感。
- 準備逃走。

走為上策！

動作緊繃

耳朵朝後／壓低

瞳孔放大

全身貼近地面

悄悄退開／躡手躡腳逃走

非常害怕

貓咪越害怕，就會把自己的身體縮得越小或壓得越低。

行為表現：
- 蹲伏、縮頭、藏起四肢。
- 四掌平貼在地。
- 瞳孔放大。

貓咪可能覺得或可能是在：
- 害怕。
- 不安全。
- 「別看我。」
- 「走開啦！」

好可怕

- 蹲伏
- 低頭／縮頭
- 耳朵壓平
- 瞳孔放大
- 鬍鬚向後收
- 夾著尾巴或將尾巴纏在自己身上
- 四掌貼地

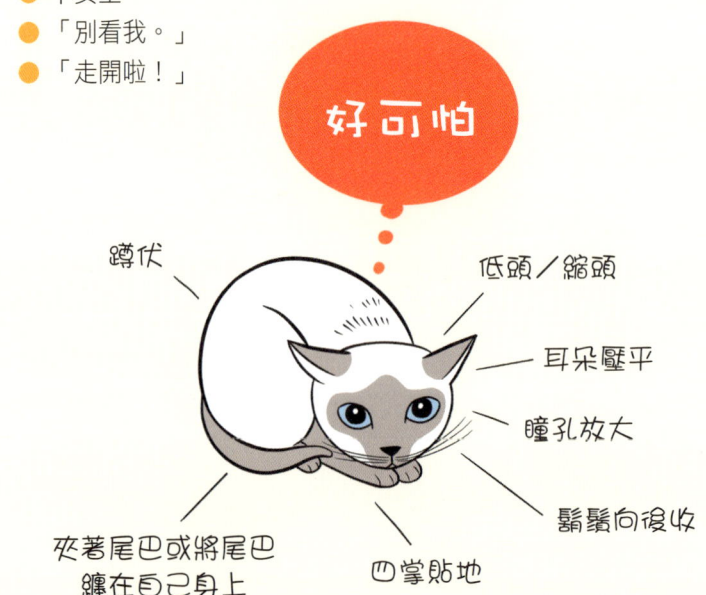

防衛

常被誤以為是貓咪在「耍狠」。

行為表現：
- 身體蜷縮，重心轉移。
- 舉起腳掌（準備做出揮趕動作）。
- 耳朵壓平。
- 可能發出哈氣聲、低吼聲或呸聲。

貓咪可能覺得：
- 受困，無處可逃。
- 驚恐至極。
- 必須趕走威脅。

別逼我翻臉喔！

轉移身體重心

毛髮豎起

耳朵壓平

嘶!!!

縮頭

舉起腳掌（準備揮趕）

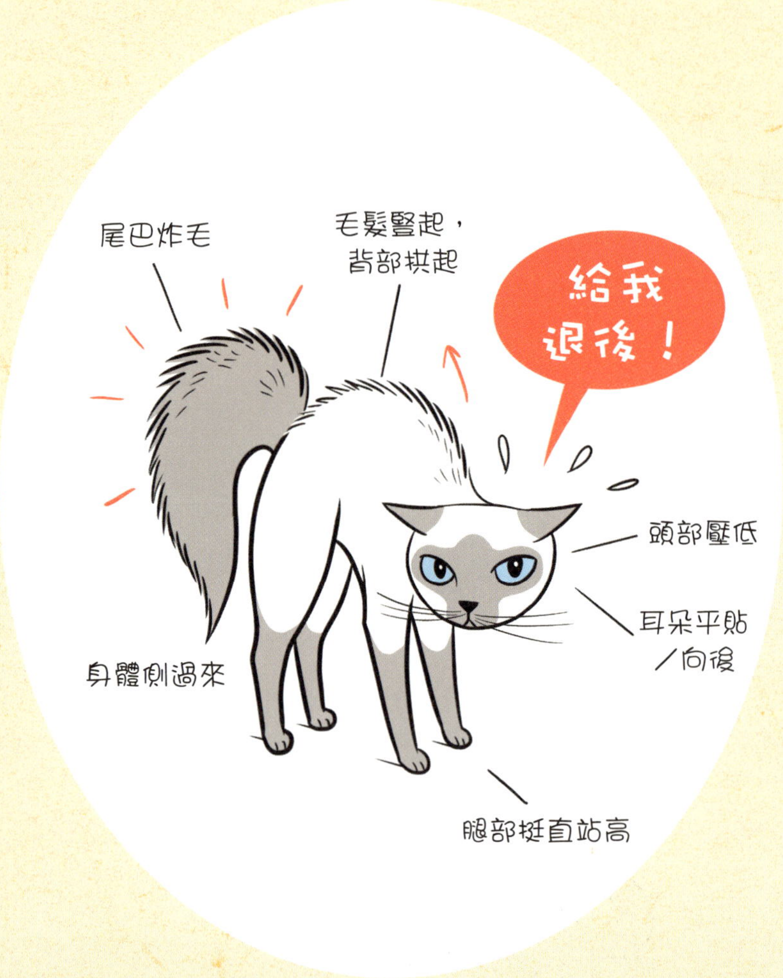
尾巴炸毛
毛髮豎起，
背部拱起
給我
退後！
頭部壓低
耳朵平貼
／向後
身體側過來
腿部挺直站高

整體姿勢

害怕的高姿態

由於萬聖節（Halloween）是西方的鬼節，所以這個看起來很嚇人的姿勢英文稱之為「Halloween Cat」，擺出這種姿勢的貓咪常被誤以為是「很壞」或「很兇」。

行為表現：
- 拱背站高，四肢挺直。
- 低頭或縮頭。
- 秀出身體一側。
- 尾巴炸毛——高舉或低垂。
- 可能發出哈氣聲、低吼聲或呸聲。

貓咪可能覺得或可能是在：
- 受驚或害怕卻無處可躲。
- 受困。
- 「走開啦！」
- 準備反擊。
- 盡量放大自己的體型以示警告。

另參見第94頁的「拱背」。

看我怎麼趕你走

豎耳

尾巴炸毛
（垂下）

毛髮豎起

頭抬高
（脖子拉長）

用力瞪

腿部挺直
站高

緊繃

秀出身體一側

嚇阻威脅的高姿態

這個姿勢通常是針對別隻貓咪，可能是站姿或坐姿。

行為表現：
- 挺直站高，全身僵硬。
- 頭部高於肩膀。
- 一直用力瞪著對方不放。
- 可能發出哈氣聲或低吼聲。

貓咪可能覺得或可能是在：
- 生氣或惱怒。
- 必須把別隻貓趕出這一區。
- 「這是我的地盤。走開啦！」
- 準備發動攻擊。
- 依對方的反應而定，可能開戰，也可能撤退。

另參見第38頁「瞪視」。

分辨差異
拱背姿勢

類似的姿勢,不同的動作!

趕走威脅
感覺有危險時,貓咪會將背高高拱起,作為一種防衛姿勢。頭部的位置放低,全身動作緊繃。

「本貓心情好。」
如果全身柔軟、放鬆,拱背可能是伸懶腰的一部分,也可能是貓咪在對你親切地打招呼。

邀玩
貓咪如果左右跳來跳去,可能是在邀你跟牠玩。

趕走威脅：尾巴炸毛

- 拱背，毛髮豎起
- 頭放低，耳朵壓平
- 尾巴炸毛
- 緊繃
- 走開！

「本貓心情好。」

- 抬頭
- 拱背
- 這種感覺真好
- 腿拉長
- 伸個大大的懶腰（身體放鬆）

邀玩

- 拱背
- 耳朵朝前
- 眼神柔和
- 一起玩？
- 橫著走／橫著跳（蟹行）
- 尾巴炸毛

喵嗚！

咪嗚！

嗷嗚！

啊嗚！

叫聲

家貓可以發出百百種叫聲！
以下是常聽到的一些叫法。

咪！

嗷！

噗…嚕…嚕…嚕…

貓生真美好

湊過去

噗嚕…噗嚕…噗嚕…

差強人意

轉過去

呼嚕聲

聲音表現：
- 閉口發出的聲音，像是有節奏的打呼聲。

貓咪可能覺得或可能是在：
- 滿足。
- 很高興待在一個溫暖、熟悉的環境。
- 如果肢體語言顯得緊繃或焦躁，則是身體有什麼不舒服，設法安慰自己，並需要關愛。
- 要東西（通常是用一種不同的音調）。

顫音或彈舌音

聲音表現：
- 閉口發出的聲音，像是短促的顫音或抖音。

貓咪可能覺得或可能是在：
- 開心地靠近自己認識的人。
- 母貓呼喚小貓。

尾巴翹起

哦？

湊上前

眼神柔和，耳朵朝前

嘎嘎叫

行為表現和聲音表現：
- 嘴巴一開一合。
- 聽起來像嘎、嘎、嘎的聲音或鳥叫聲。

貓咪可能覺得或可能是在：
- 興奮。
- 觀察鳥兒或其他小型獵物。

喵喵叫

一般而言，喵喵叫不是成貓互相溝通的方式，小貓才會對母貓喵喵叫，而成貓則會對牠們的飼主喵喵叫。

聲音表現：
- 每隻貓都有各種不同音調的喵喵聲，用以表達不同的需求。

別忘了我的早餐！

咪嗚...

喵！

我要到戶外貓籠玩！

喵噢

我拿不到玩具

叫聲

咕！ 嘎！

貓咪可能覺得或可能是在：
- 「喂！我在叫你！聽到沒啦？！」
- 「請拿ＸＸＸ給我。」
- 挫折或苦惱（通常會發出不同的音調——參見第105頁「哀哀叫」）。
- 要食物、要關注、要拍拍，或要別的東西。

貓咪會重複使用自己特有的叫法，因為對飼主有效。

欸啊！　嗚啊！　嗚嗷！

低吼聲、哈氣聲和呸聲

行為表現：
- 壓力大的肢體語言（另參見第26頁「耳朵外轉」、第29頁「耳朵平貼」、第89頁「防衛」和第91頁「害怕」。）

貓咪可能覺得：
- 受驚、害怕、壓力大（「滾出我的地盤！」）。
- 「離我遠一點！」（確切的意思視情況而定。）

別再過來了喔！

哈！（哈氣聲）

不要！

嘶!!!

叫聲

哀哀叫

也稱之為貓叫春。

聲音表現：
- 拉長、低沉的嗚咽聲或哀號聲。

貓咪可能覺得或可能是在：
- 痛苦、無聊或困惑。
- 在不舒服的情況下表達難受的感覺。
- 找人。
- 未結紮的貓咪發情時也可能發出這種叫聲。

105

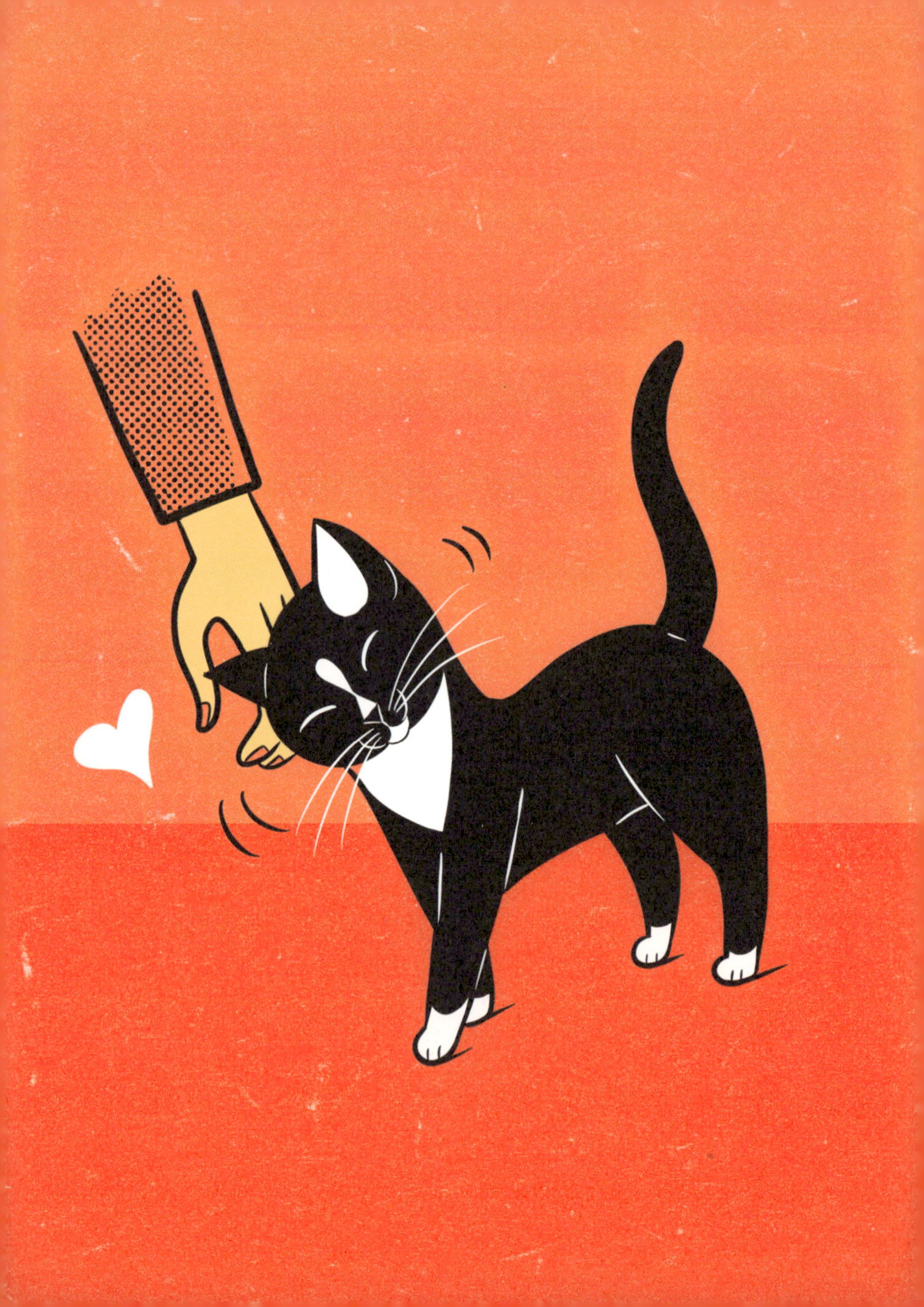

友善的行為

以下是貓咪友善社交的常見表現，
顯示貓咪想親近你、親近別隻貓或別的人。

開心打招呼

跟別隻貓或別的人。

行為表現：
- 靠近對方時，尾巴以柔軟放鬆的方式豎起。
- 臉部和身體放鬆。
- 動作不緊繃。

貓咪可能覺得：
- 開心。
- 「我是來跟你做朋友的。」
- 「你好啊！」

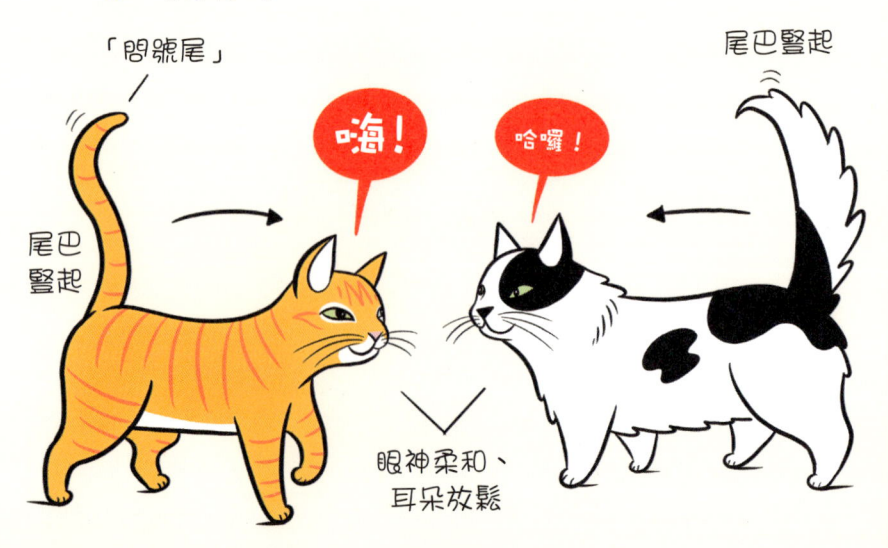

「問號尾」

嗨！

哈囉！

尾巴豎起

尾巴豎起

眼神柔和、耳朵放鬆

磨蹭頭部和臉部

也稱之為碰頭或撞頭，或戲稱為「頭槌攻擊」。

行為表現：
- 將頭頂或臉部往物品或人身上蹭啊蹭（另參見第11頁）。

貓咪可能覺得或可能是在：
- 現正甜蜜中。
- 享受相聚的時光。
- 「朋友，我喜歡你！」
- 加強共同的氣味。

擦身

行為表現：
- 將身體輕輕擦過去（在經過或休息時）。
- 可能用尾巴去碰觸或纏繞。

貓咪可能覺得或可能是在：
- 友善。
- 「我不是壞人。」
- 「我們是一家人。」
- 享受相聚的時光。
- 加強共同的氣味。

尾巴翹起

肌膚之親

歡迎回家！

身體／尾巴碰觸

碰鼻子

碰鼻子通常發生在已經是朋友的貓咪之間。你可以從個別貓咪的肢體語言看出雙方互動的情況。

行為表現：
- 用自己的鼻子去碰觸別隻貓咪的鼻子。

貓咪可能覺得或可能是在：
- 表示友好。
- 問候近況。
- 打招呼。

碰鼻子

又見到你了，真好！

眼神柔和

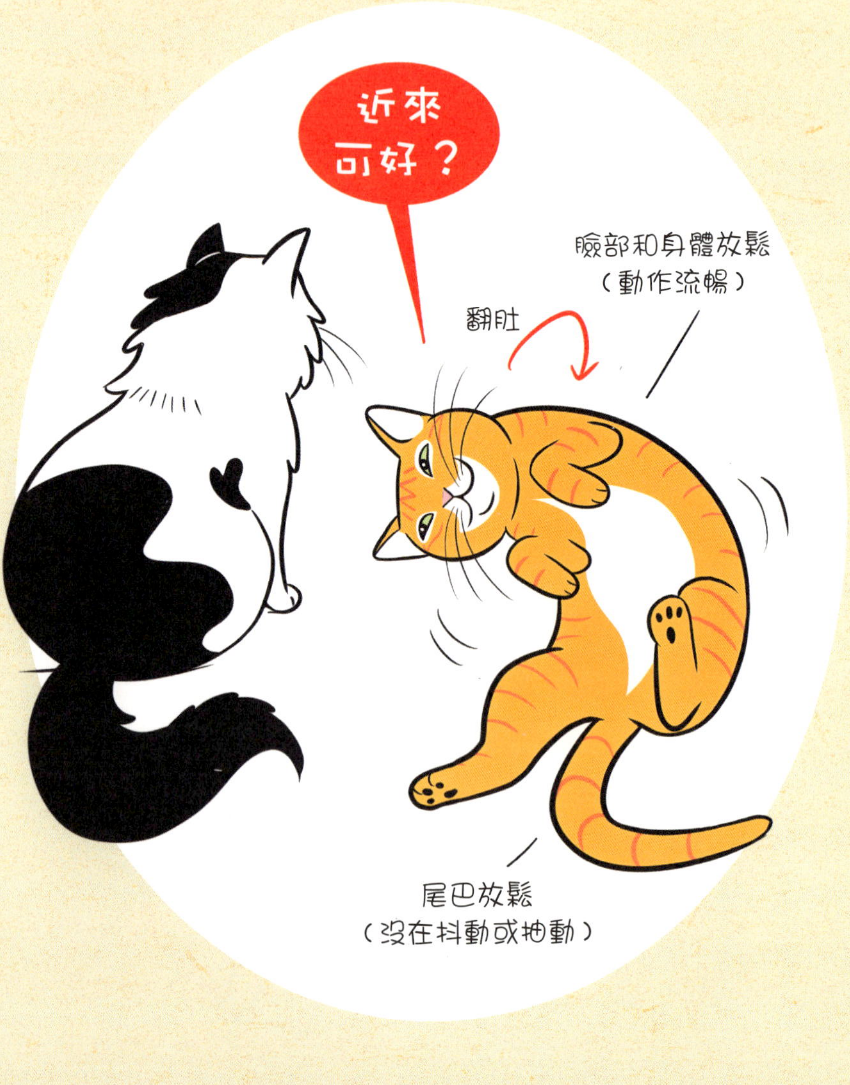
近來
可好？
臉部和身體放鬆
（動作流暢）
翻肚
尾巴放鬆
（沒在抖動或抽動）

翻肚

又戲稱為假車禍，英文則稱之為social roll，字面意思即「社交翻滾」。貓咪可能在別隻貓面前翻肚，以示雙方關係良好、不會有任何衝突。

行為表現：
- 倒地側躺或仰躺。
- 臉部和身體放鬆。
- 動作柔軟有彈性。

貓咪可能覺得：
- 友好。
- 信任。
- 「你好嗎？」

有時用來邀別隻貓一起玩（參見第142至143頁「社交遊戲」）。

分辨差異

翻身露肚

人類常誤以為這個暴露弱點的姿勢是貓咪在請你摸牠肚皮，但貓咪翻肚不見得是在邀你跟他互動。

你好，我喜歡你！

當貓咪身段柔軟地在陌生人面前翻肚時，是在表示信任和友善。如果是在別隻貓面前，則可能是在邀對方一起玩。

防衛模式

如果貓咪的身體表現出壓力訊號，並緊繃僵硬起來，那牠可能是要擺好姿勢，準備伸出四爪來防衛了。

貓薄荷反應

有些貓咪對吸引貓咪的植物所釋放的化學物質，牠們的反應是在地上翻滾（另參見第19頁的「貓薄荷反應」）。

你好，我喜歡你！

交個朋友？

- 翻身露肚
- 身段柔軟、身體展開
- 耳朵朝前
- 肉掌張開

防衛模式

有種你試試

- 緊繃、露肚
- 縮頭（下巴抵胸）
- 耳朵向後／壓平
- 舉起腳掌（爪子預備備）

貓薄荷反應

一秒嗨翻天～

- 翻身露肚
- 蹭臉
- 臉部和身體放鬆

踩奶

俗稱踩踩、踏踏或按摩，英文又戲稱為making dough或making biscuits，意即揉麵團或做餅乾；另有smurgling一字專指貓咪邊踩奶邊發出呼嚕聲。貓咪通常是在柔軟的床墊或人類的大腿上做這個動作。

行為表現：
- 有節奏地用兩隻前掌在物體的表面踩啊踩。
- 可能一邊發出呼嚕聲或流口水。

貓咪可能覺得或可能是在：
- 超喜歡的。
- 信任。
- 想把這個地方整理得舒服一點。
- 紓壓。
- 留下肉掌的氣味（另參見第11至13頁的「氣味標記」）。

哺乳期的小奶貓會在母貓的乳房上踩踏，以刺激母貓分泌乳汁。

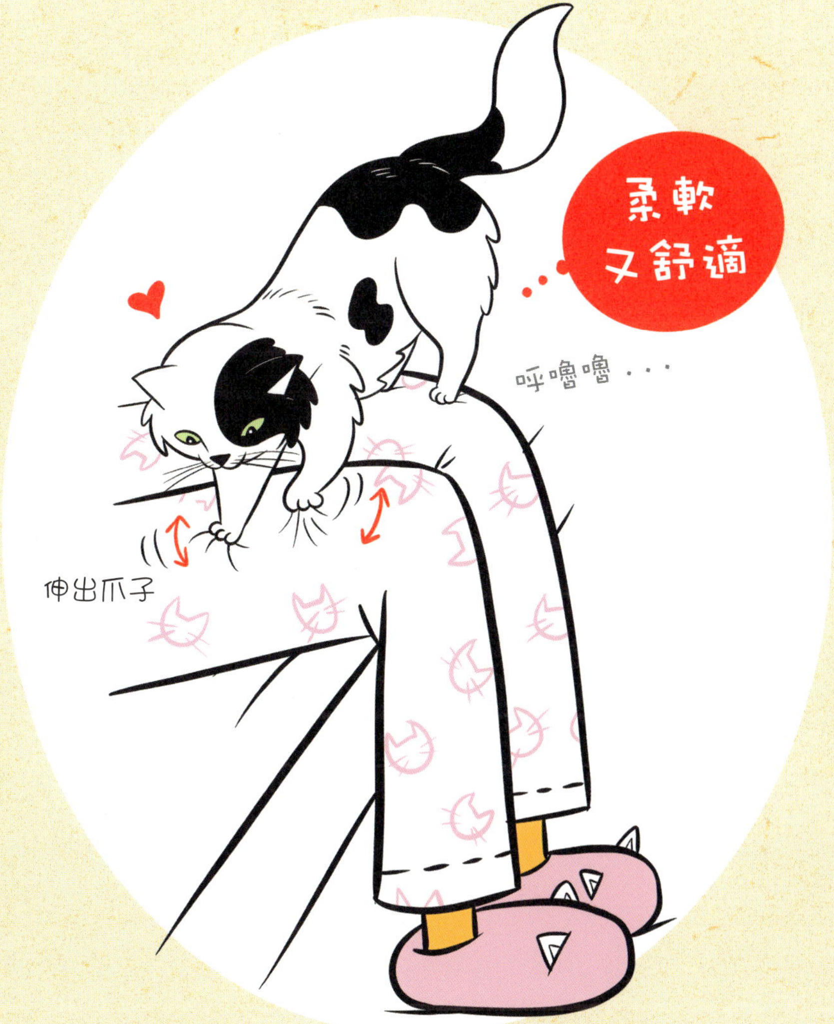
柔軟
又舒適
呼嚕嚕…
伸出爪子

互舔

也稱之為互相理毛（allogrooming）或社交理毛（social grooming），這是貓朋貓友之間的活動。

行為表現：
- 舔貓咪朋友的臉部或頭部。
- 可能也會輕咬臉部或頸部。

貓咪可能覺得或可能是在：
- 相親相愛。
- 友善。
- 想要避免衝突。
- 享受彼此的陪伴。

貓咪幫別隻貓理毛也可能惹惱對方，例如當其中一隻想舔但另一隻不想被舔時，你可能會看到被舔的那隻貓表現出壓力很大的肢體語言（甩尾、拍尾等等），意思就是：「夠了喔！別舔了！」

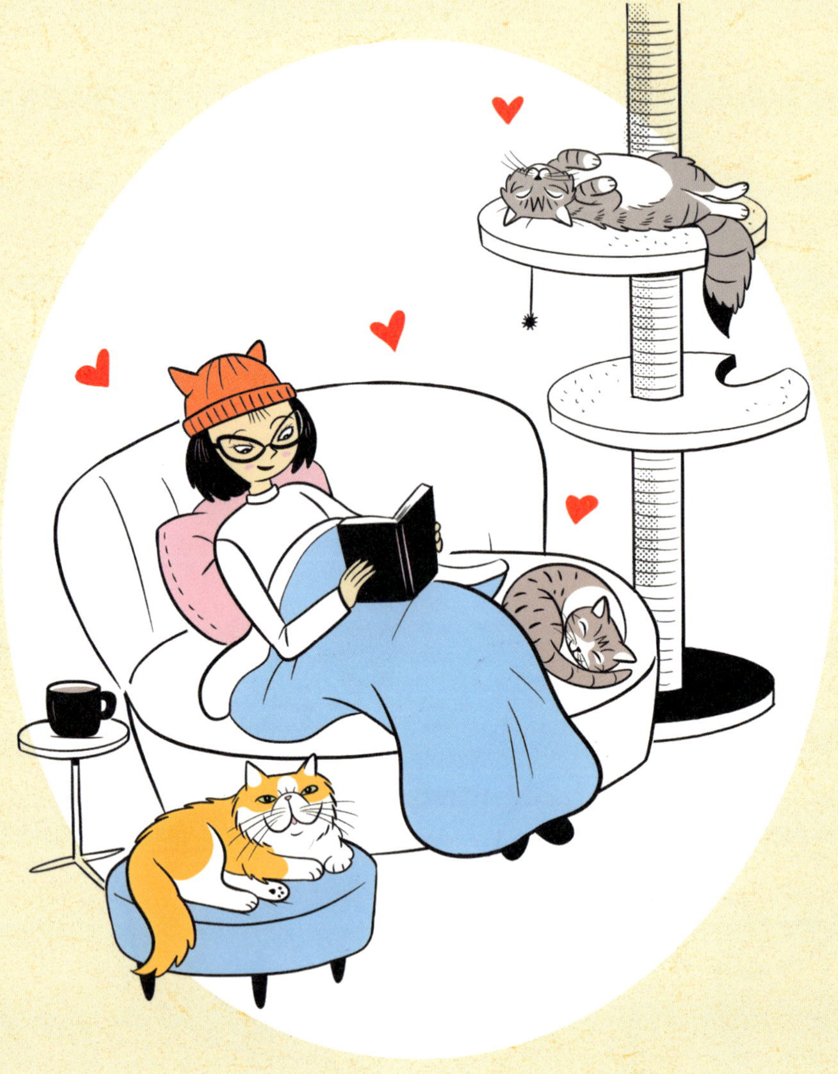

待在近處

人類常誤以為兩隻貓在同一個空間卻不碰觸彼此（或不想被碰到）是冷淡的表現。在貓咪的社交世界裡，和別隻貓或人類分享同一個空間可是一件大事。

行為表現：
- 貓咪之間沒有肢體接觸，只是在彼此附近坐臥休息。
- 臉部和身體放鬆。

貓咪可能覺得或可能是在：
- 舒適。
- 滿足。
- 「我和我的家人在一起。」
- 享受共同的氣味。

彼此合不來的貓咪之所以待在同一個空間，只是因為無處可去才不得已忍受對方的存在。在這種情況下，牠們可能一直保持特定的距離，表現出不那麼放鬆的肢體語言。

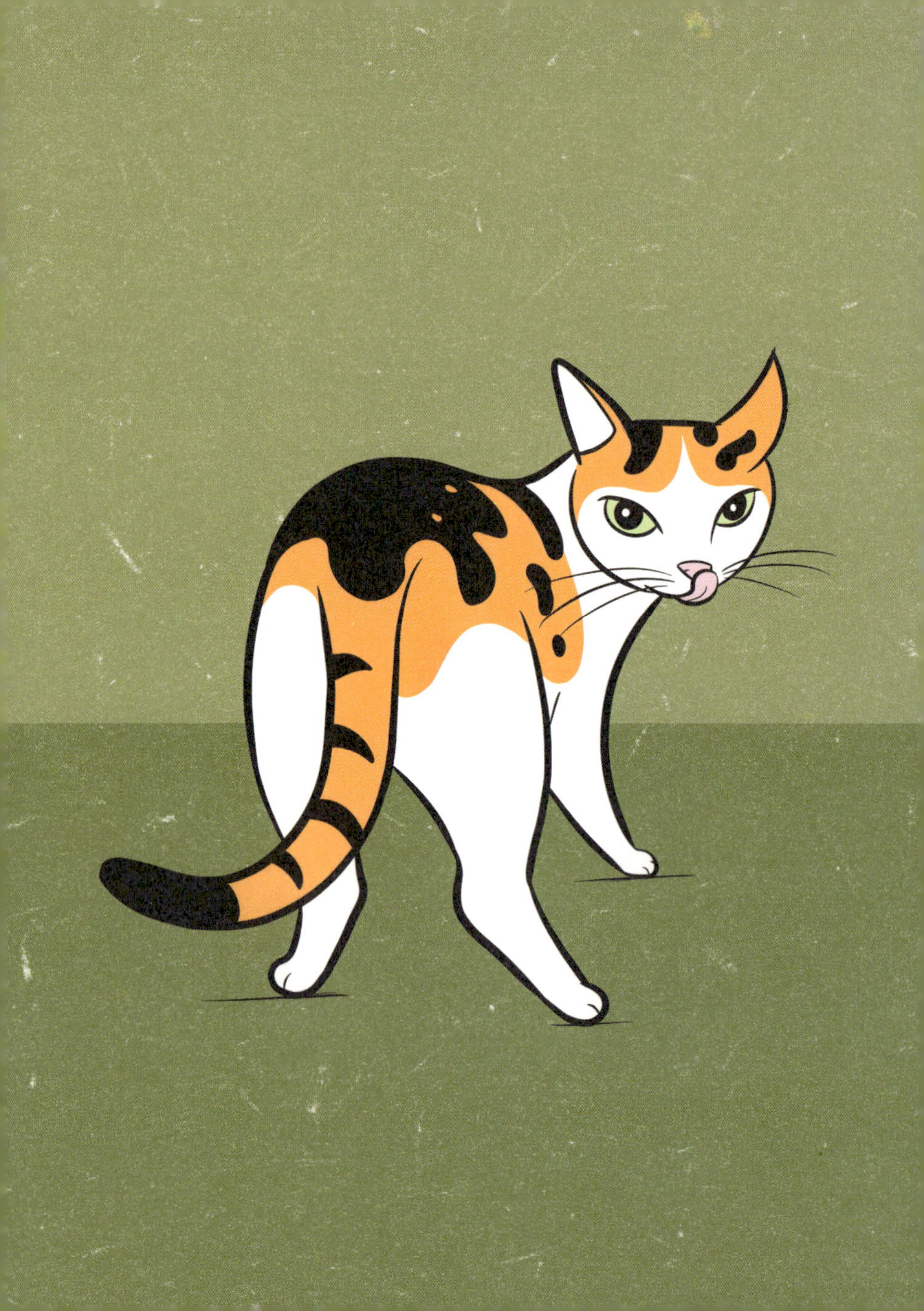

情緒衝突或壓力很大的行為

貓咪焦慮不安、不知所措或面臨壓力時，你可能會觀察到這些行為。

別開目光、別過頭去

常被誤以為是高冷或孤僻。

行為表現：
- 迴避眼神接觸，或轉頭不看壓力來源。
- 頭部也可能像點頭般低下去一下。

貓咪可能覺得或可能是在：
- 不自在。
- 「我需要一點空間。」
- 想要禮貌地打斷或結束互動。

現在不要，謝謝。

別過頭去

舔鼻子

行為表現：
- 快速舔嘴唇或鼻子，緊接著吞口水（勿與吃東西之後舔嘴唇混淆）。

貓咪可能覺得：
- 不自在、擔心。
- 尷尬、難為情。
- 需要緩和緊張的情緒。

壓力型的舔毛或理毛

貓咪舔自己的毛是正常的活動,通常是在吃飽之後、準備小睡之前進行。壓力型的舔毛則是出於焦慮或情緒衝突的異常行為。

行為表現:
- 做別的事情做到一半,突然停下來舔自己的毛。
- 通常是在腿側、身側或尾巴根部快速舔個幾下。

貓咪可能覺得:
- 焦慮。
- 不確定現在是什麼情況。
- 需要紓壓。
- 需要轉移一下注意力。

註:長期舔同一個地方的毛,可能是特定部位疼痛或不適的徵兆,尤其如果你還看到皮膚紅紅的或毛禿了一塊。

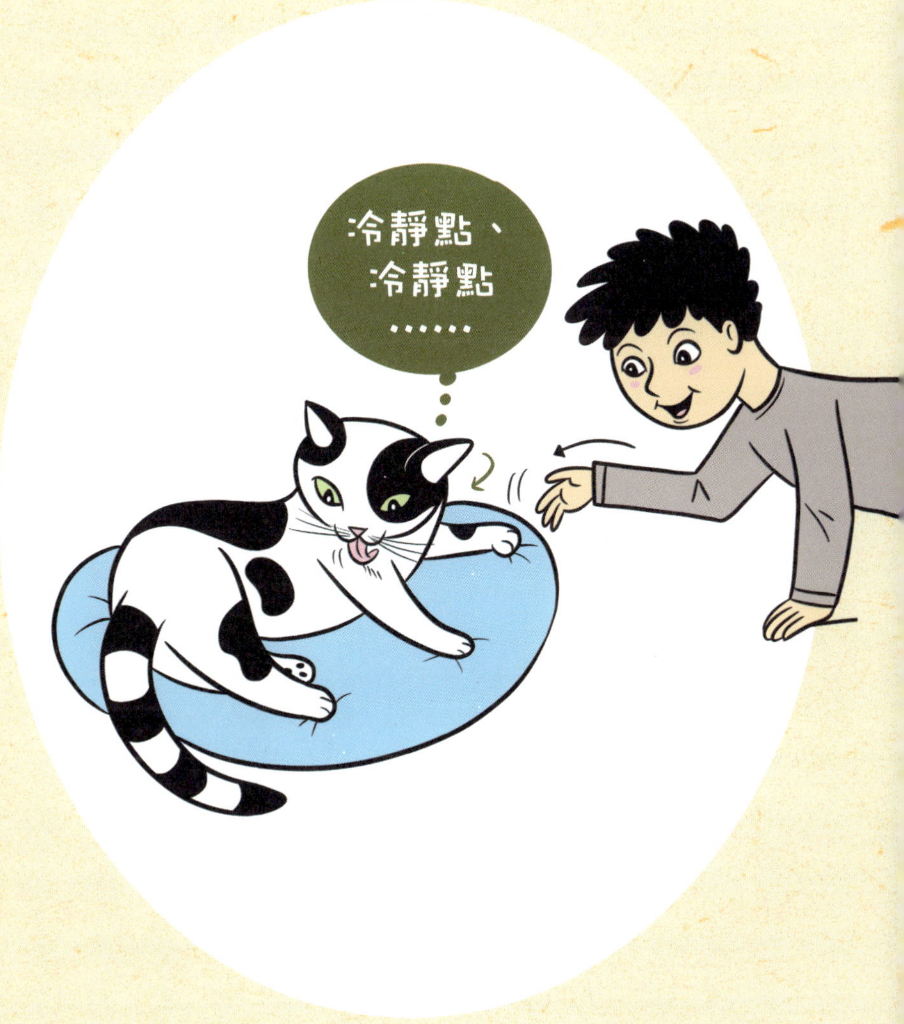
冷靜點、
冷靜點
……

壓力型打呵欠

行為表現：
- 短促地打個呵欠。
- 貓咪並非在休息或想睡覺的狀態。

貓咪可能覺得：
- 焦慮。
- 不自在。
- 需要紓壓。
- 想避免衝突。
- 「救命啊，好緊張喔。」

我不想惹麻煩

打呵欠

背部抖動

行為表現：
- 碰觸背部時，皮膚或毛皮像起漣漪一般抖動、顫動或抽動。

貓咪可能覺得：
- 不舒服。
- 煩躁。
- 需要紓壓。

註：背部在沒有受到碰觸的情況下抖動，可能是因為某些藥物或吸引貓咪的植物引起的，也可能是因為貓知覺過敏症（Feline Hyperesthesia Syndrome）的緣故。

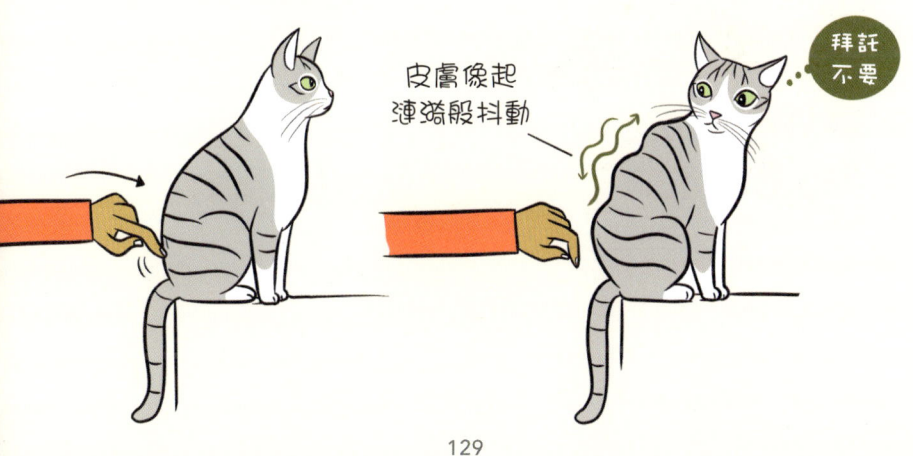

甩動

行為表現：
- 頭部或身體（在沒弄濕的情況下）甩動。

貓咪可能覺得或可能是在：
- 「夠了喔！」
- 釋放壓力。
- 在（正面或負面）情緒太刺激的情況過後紓壓一下。

註：頻繁甩頭也可能是耳朵感染的徵兆。

哎唷！

甩、甩、甩

躲起來

行為表現：
- 躲在看不到的地方，不回應。
- 如果無處可躲，就把臉和身體塞進角落裡。

貓咪可能覺得：
- 壓力很大。
- 不安全或不舒服。

註：對貓咪來講，比起有地方可躲，沒有一個安全、私人的空間可躲的壓力更大。

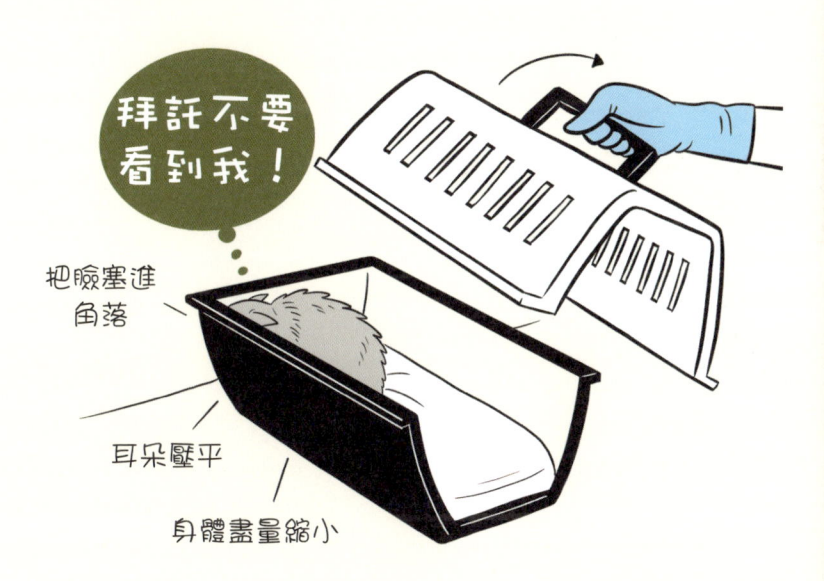

暴衝

暴衝是一種正常的紓壓法。

行為表現：
- 突然跑來跑去，跑得很快，幾乎像在牆壁之間彈來彈去。
- 可能帶有跳、爬、撲、喵喵叫、抓和咬等動作。

貓咪可能覺得或可能是在：
- 釋放壓力。
- 鬆一口氣。
- 睡了一個長長的覺或無聊了很久之後，釋放積壓的能量。
- 過度刺激。

黃昏或黎明是貓咪睡到自然醒的時間，貓咪通常會在剛睡醒之後暴衝，排便之後也會。

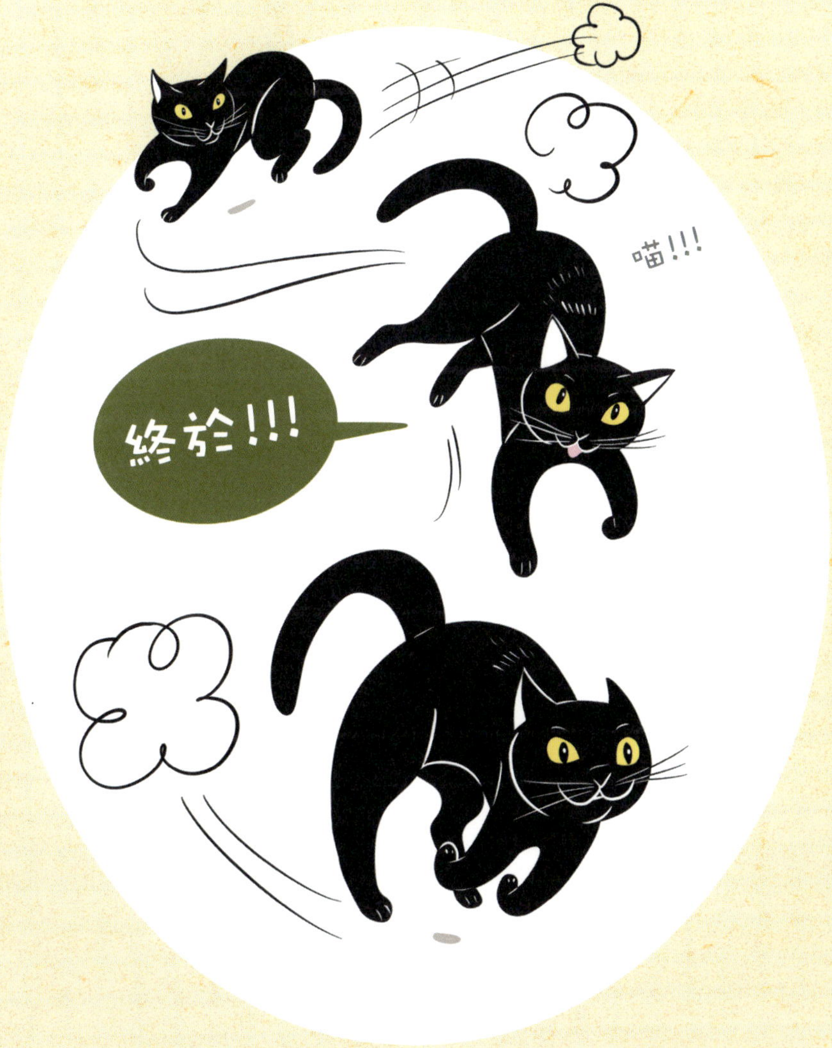

喵!!!
終於!!!

假睡

如果沒有安全的地方可以躲藏,貓咪就可能使出裝睡這一招。

行為表現:
- 縮成一團,採取蹲伏的姿勢,沒有回應。
- 把頭縮進身體裡。
- 眼睛半開半閉。

貓咪可能覺得或可能是在:
- 壓力很大。
- 與外界隔絕。
- 「如果我看起來像睡著的樣子,他們就不會來煩我了吧。」

痛苦的表情

行為表現：
- 頭朝胸口縮進去。
- 耳朵尖端分得很開。
- 眼睛瞇起來，迴避眼神接觸。
- 鬍鬚比平常豎得更直、拉得更緊。
- 嘴角往後拉。

貓咪可能覺得：
- 有或輕或重的疼痛。

註：耳朵和鬍鬚在正常無痛狀態下的「擺的方向」因貓而異。

耳朵分得很開
縮頭
我不舒服
瞇瞇眼
嘴角往後拉
鬍鬚豎直（尖端分得較開）
尾巴藏起來

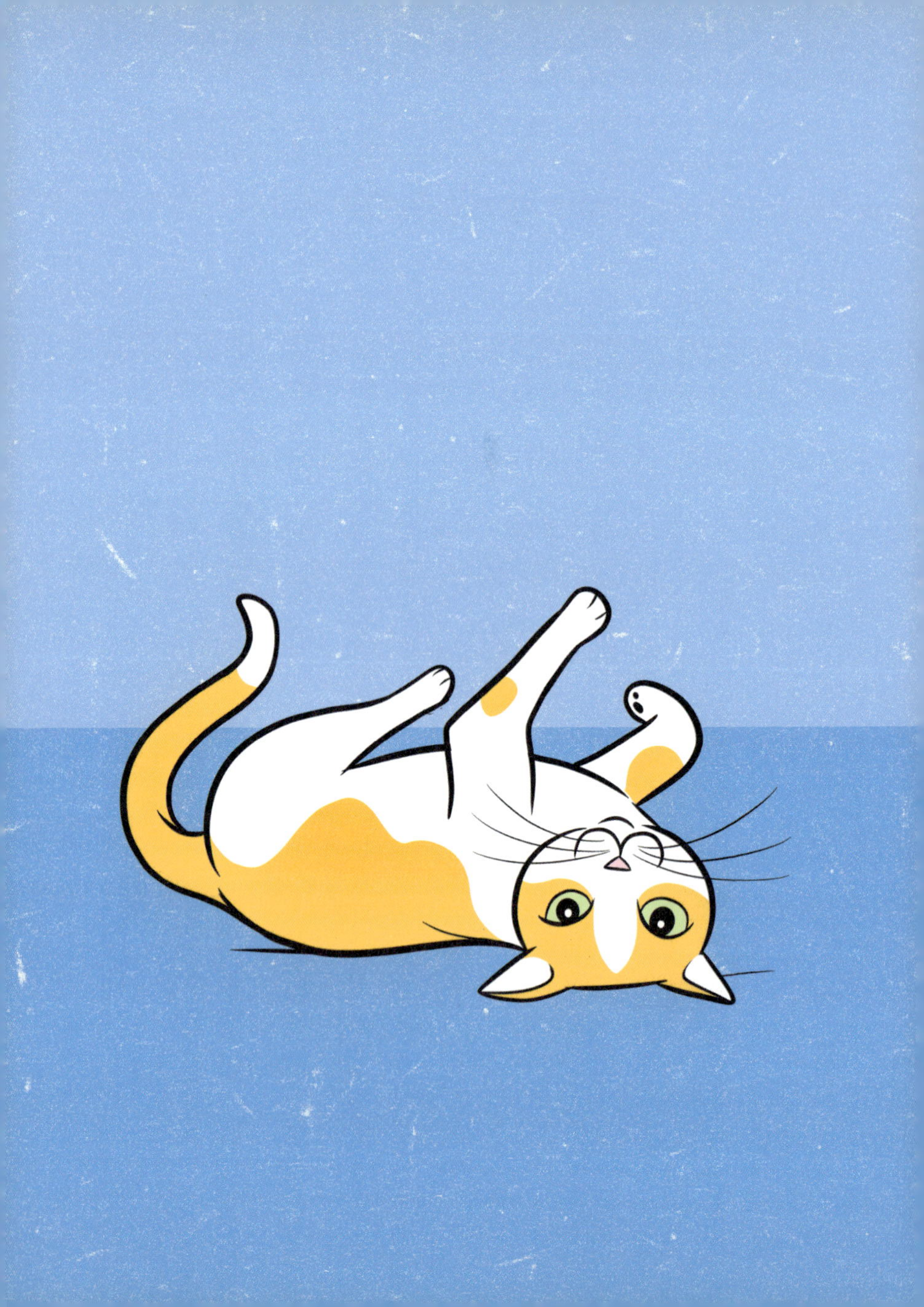

遊戲

貓界的遊戲主要有兩種：狩獵型（玩小型的東西和獵物）和社交型（跟貓咪朋友一起玩）。

追

撲

撈起來甩

抓

狩獵遊戲

又稱為獵捕遊戲（predatory play）、獵物遊戲（prey play）和物體追逐遊戲（object play）。

狩獵行為對貓咪的身心健康不可或缺，也是身為一隻貓的重要本能。貓咪是獨自行動的獵人，所以狩獵遊戲也是一對一的活動，包括用人手操作像獵物般移動的玩具。狩獵遊戲對貓咪來講樂趣無窮，也是你和愛貓建立感情、了解貓主子喜好的好辦法。玩狩獵遊戲時，貓咪會用爪子和牙齒與獵物互動。

隨著貓咪長大成熟，他們可能會減少「用牙齒和爪子」的遊戲時間，而變得比較喜歡「跟蹤和伏擊」的活動。

觀察、等待...

擺動

伏擊模式

跟蹤和伏擊

- 聚精會神，密切注意像獵物般移動的物體。
- 準備撲過去。

遊戲

牙齒和爪子

- 撈起來甩。
- 拍打、抓住、捧在手裡……
- 用後腳踢啊踢（兔子踢）。
- 咬死獵物。

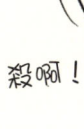

牙齒和爪子出動！

殺啊！

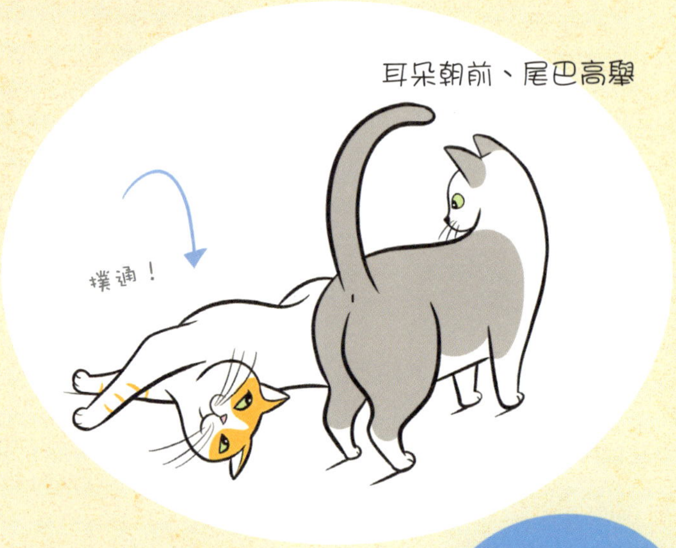
耳朵朝前、尾巴高舉
撲通！

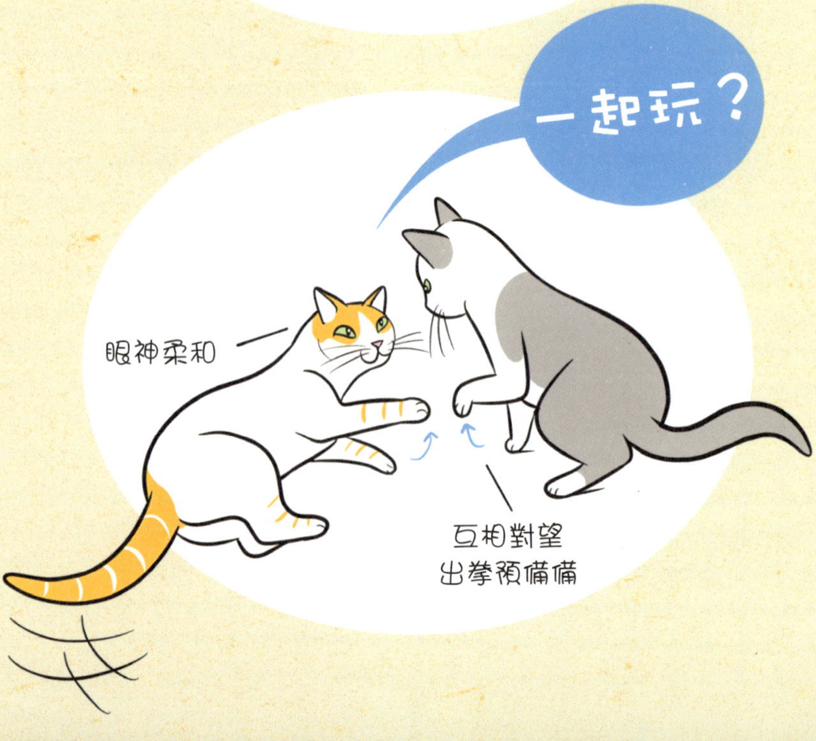
一起玩？
眼神柔和
互相對望
出拳預備備

遊戲

社交遊戲

貓咪之間的遊戲很容易被誤認為是在打架。兩隻貓打打鬧鬧只是「儀式性的衝突」，不是認真的。翻滾扭打的粗魯動作可能看起來攻擊性很強，但其實只是像體育競賽一樣。

行為表現：
- 互相對望。
- 轉動耳朵。
- 拱背、炸毛。
- 尾巴動作很大。

啪！ ——— 爪子收起

怎麼知道是在玩

- 多半安靜無聲（沒有哈氣、低吼或尖叫）。
- 揮打或拍打時收起爪子——不會造成疼痛或傷害。
- 啃咬時點到為止——不會造成疼痛或傷害。
- 貓咪會互換上下位置。
- 有許多短暫的停頓（另參見第146頁「遊戲暫停」）。
- 雙方都可輕易脫身離開，卻會選擇回來或留下。

遊戲

在遊戲的情況下,這些都是不具威脅的行為表現,而且雙方都會留下來玩,玩到其中一方離開為止。爪子和牙齒用得很小心,不會用來造成傷害或致命。雙方通常關係友好,是會互相理毛的好夥伴(參見第118至119頁)。

踢!踢!踢!

遊戲暫停

貓咪很容易分心，遊戲過程中頻頻暫停表示雙方都不覺得受到嚴重威脅。

行為表現：
- 暫時去看別的東西。
- 短暫地舔舔自己或抓抓自己。
- 暫時轉頭或點頭。
- 短暫的停頓，眼神柔和地眨眼。

貓咪可能覺得或可能是在：
- 「我要使出哪一招才能打贏？」
- 被其他事物分散注意力。
- 需要休息一下。
- 評估狀況、考慮下一步。

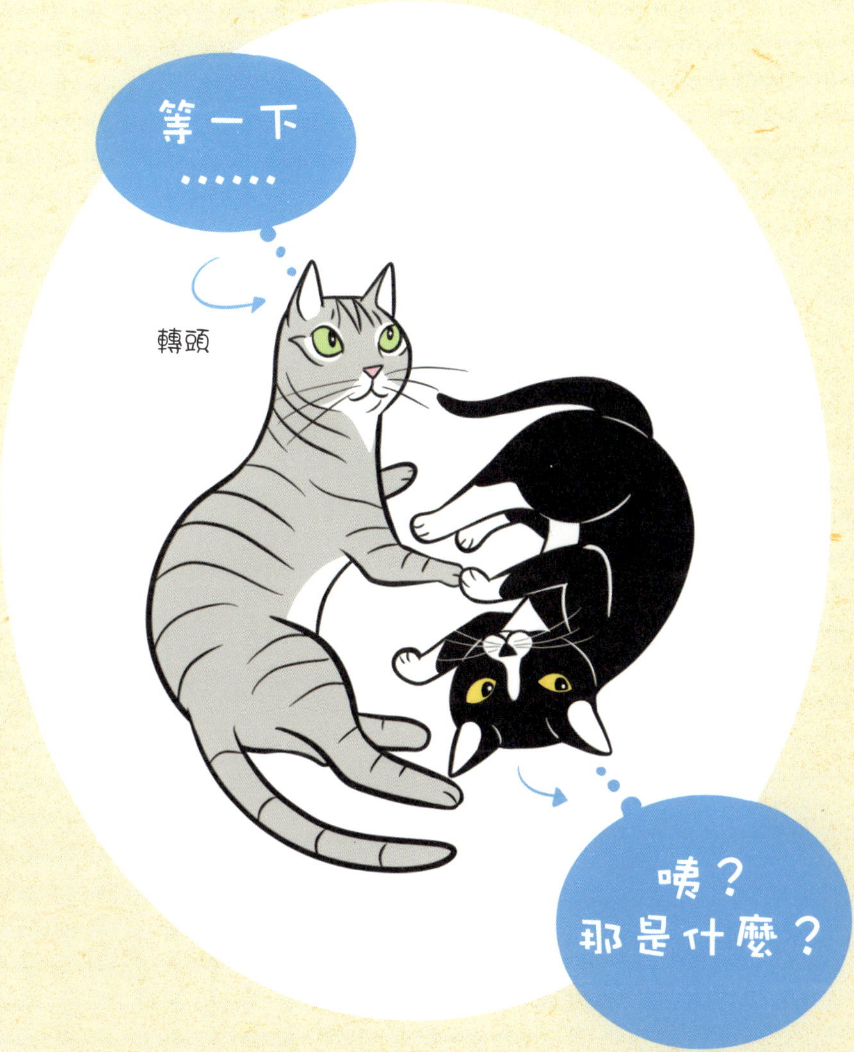
等一下
……
轉頭
咦？
那是什麼？

情況不妙的時候

友善的打打鬧鬧有時可能越演越烈，變成真的打起來。如果其中一方是在狩獵型遊戲的模式、另一方只是被當成獵物，那也不再是雙方都覺得好玩的遊戲了。

請注意貓咪各自的肢體語言與動作，以判斷是雙方都玩得很開心、只有其中一方覺得好玩，還是真的在打架。

遊戲

怎麼知道是打架或只有一方覺得好玩

行為表現和聲音表現：
- 發出哈氣聲、低吼聲或尖叫聲。
- 不間斷的激烈互動（緊盯對方不放，表現出壓力訊號）。
- 啃咬或拍打造成疼痛或受傷。
- 其中一方在追趕，另一方試圖掙脫或離開，而且不再回來。
- 兩隻貓認真打起來的時候，雙方都無法輕易脫身。

分辨差異
拍打

揮拳、拍打或呼巴掌常被誤解為「小惡霸」或「小壞蛋」的舉動，因為貓咪有時也會伸出爪子。要釐清是怎麼回事，需注意做出這個動作之前和之後的狀況。

狩獵遊戲開始！
如果貓咪拍這個東西會動，於是貓咪還想再拍拍看，那這隻貓就是在玩。

住手！
如果發出動作較小的溝通訊號都沒用，貓咪就可能出掌阻止惱人的舉動，意思是「夠了喔」。

額外福利
如果貓咪對一件東西很好奇，牠們可能會出掌碰碰看。有時這麼做會有很大的回報，例如從飼主那裡得到額外的關注。

狩獵遊戲開始！

好玩好玩

住手

我說了住手

額外福利

嗚喔！這下你注意到我了吧？

恭喜

你現在已經邁出了解貓咪肢體語言的第一步了!

更多相關資源請洽:kittylanguagebook.com.

感謝

僅向以下貓咪行為顧問和科學家致上最深的感激,謝謝你們協助我完成本書:

- Caroline Crevier-Chabot
- Dr. Mikel Delgado
- Sarah Dugger
- Dr. Sarah Ellis
- Hanna Fushihara
- Dr. Emma K. Grigg
- Rochelle Guardado
- Julia Henning
- Jacqueline Munera
- Dr. Wailani Sung
- Dr. Zazie Todd
- Dr. Andrea Y. Tu
- Melinda Trueblood-Stimpson
- Dr. Kristyn Vitale

也要謝謝Ten Speed Press出版社超棒的團隊,把這本書做得這麼美:Julie Bennett、Isabelle Gioffredi、Terry Deal和Dan Myers。

謝謝我的經紀人Lilly Ghahremani總是那麼挺我。

謝謝家人和朋友對拙作初稿的支持與閱讀:Nathan Long、Linda Lombardi、Solvej Schou、Kitty Scott、Alice Tong、Kiem Sie、Ta-Te Wu、Christa Faust、Dr. Eduardo J. Fernandez。

KITTY LANGUAGE: An Illustrated Guide to Understanding Your Cat by Lili Chin
Text and illustrations copyright © 2023 by Lili Chin
This edition published by arrangement with Ten Speed Press, an imprint of The Crown Publishing Group, a division of Penguin Random House LLC
Complex Chinese Translation copyright © 2025 by Oak Tree Publishing Publications, a division of Cite Publishing Ltd.
ALL RIGHTS RESERVED

眾生　JP0231

貓咪想要說什麼：可愛爆表！喵星人肢體語言超圖解
Kitty Language: An Illustrated Guide to Understanding Your Cat

作　　　者	程麗蓮（Lili Chin）
譯　　　者	賴許刈
責 任 編 輯	劉昱伶
封 面 設 計	兩棵酸梅
內 頁 排 版	菩薩蠻電腦科技有限公司
業　　　務	顏宏紋
印　　　刷	韋懋實業有限公司

發　行　人	何飛鵬
事業群總經理	謝至平
總　編　輯	張嘉芳
出　　　版	橡樹林文化
	台北市南港區昆陽街 16 號 4 樓
	電話：886-2-2500-0888 #2736　傳真：886-2-2500-1951
發　　　行	英屬蓋曼群島商家庭傳媒股份有限公司城邦分公司
	台北市南港區昆陽街 16 號 8 樓
	客服專線：02-25007718；02-25007719
	24 小時傳真專線：02-25001990；02-25001991
	服務時間：週一至週五上午 09:30-12:00；下午 13:30-17:00
	劃撥帳號：19863813　戶名：書虫股份有限公司
	讀者服務信箱：service@readingclub.com.tw
	城邦網址：http://www.cite.com.tw
香港發行所	城邦（香港）出版集團有限公司
	香港九龍土瓜灣土瓜灣道 86 號順聯工業大廈 6 樓 A 室
	電話：852-25086231　傳真：852-25789337
	電子信箱：hkcite@biznetvigator.com
馬新發行所	城邦（馬新）出版集團
	Cite（M）Sdn. Bhd.（458372U）
	41, Jalan Radin Anum, Bandar Baru Seri Petaling,
	57000 Kuala Lumpur, Malaysia.
	電話：+6(03)-90563833　傳真：+6(03)-90576622
	電子信箱：services@cite.my

初 版 一 刷／2025 年 2 月
I S B N／978-626-7449-43-1（紙本書）
I S B N／978-626-7449-42-4（EPUB）
售　　　價／450元

城邦讀書花園
www.cite.com.tw

版權所有·翻印必究
（本書如有缺頁、破損、倒裝，請寄回更換）

國家圖書館出版品預行編目（CIP）資料

貓咪想要說什麼：可愛爆表！喵星人肢體語言超圖解／程麗蓮 (Lili Chin) 著；賴許刈譯 . -- 一版 . -- 臺北市：橡樹林文化出版：英屬蓋曼群島商家庭傳媒股份有限公司城邦分公司發行, 2025.02
　　面；　公分 . --（眾生；JP0231）
譯自：Kitty language : an illustrated guide to understanding your cat
ISBN 978-626-7449-43-1（平裝）

1.CST: 貓 2.CST: 寵物飼養 3.CST: 動物行為

437.364　　　　　　　　　　　113015827

填寫本書線上回函

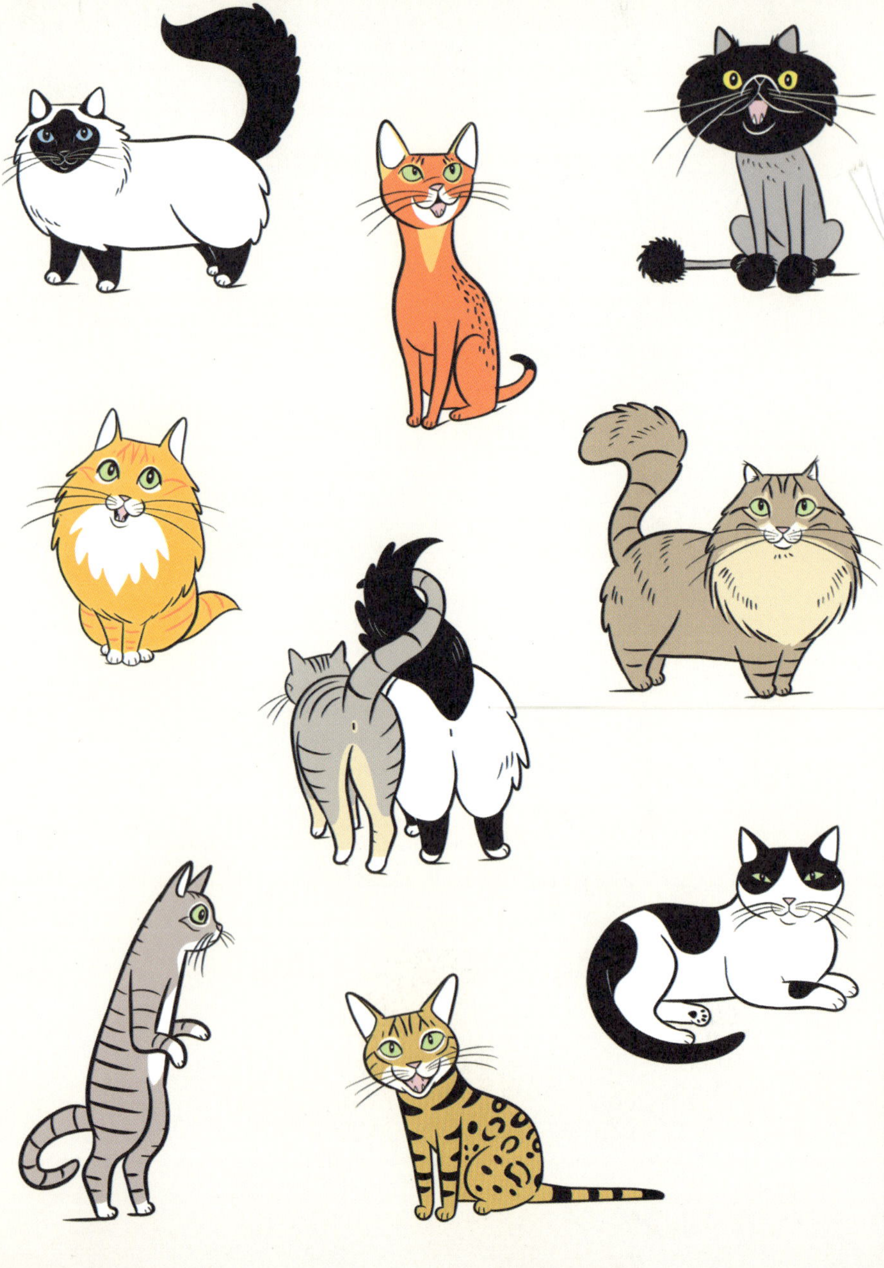